BIBLIOTHÈQUE SCIENTIFIQUE INTERNATIONALE

BALFOUR STEWART

LA CONSERVATION

DE

L'ÉNERGIE

BIBLIOTHÈQUE
SCIENTIFIQUE INTERNATIONALE

Le premier besoin de la science contemporaine, — on pourrait même dire d'une manière plus générale des sociétés modernes, — c'est l'échange rapide des idées entre les savants, les penseurs, les classes éclairées de tous les pays. Mais ce besoin n'obtient encore aujourd'hui qu'une satisfaction fort imparfaite. Chaque peuple a sa langue particulière, ses livres, ses revues, ses manières spéciales de raisonner et d'écrire, ses sujets de prédilection. Il lit fort peu ce qui se publie au delà de ses frontières, et la grande masse des classes éclairées, surtout en France, manque de la première condition nécessaire pour cela, la connaissance des langues étrangères. On traduit bien un certain nombre de livres anglais ou allemands ; mais il faut presque toujours que l'auteur ait à l'étranger des amis soucieux de répandre ses travaux, ou que l'ouvrage présente un caractère pratique qui en fait une bonne entreprise de librairie. Les plus remarquables sont loin d'être toujours dans ce cas, et il en résulte que les idées neuves restent longtemps confinées au grand détriment des progrès de l'esprit humain, dans le pays qui les a vues naître. Le libre échange industriel règne aujourd'hui presque partout ; le libre échange intellectuel n'a pas encore la même fortune, et cependant il ne peut rencontrer aucun adversaire ni inquiéter aucun préjugé.

Ces considérations avaient frappé depuis longtemps un certain nombre de savants anglais. En venant en France pour chercher à réaliser cette idée, ils devaient naturellement s'adresser à la *Revue scientifique*, qui marchait dans la même voie, et qui projetait au même moment, après les désastres de la guerre, une entreprise semblable destinée à étendre en quelque sorte son cadre et à faire connaître plus rapidement en France les livres et les idées des peuples voisins.

La *Bibliothèque scientifique internationale* n'est donc pas une entreprise de librairie ordinaire. C'est une œuvre dirigée par les auteurs mêmes, en vue des intérêts de la science, pour la populariser sous toutes ses formes, et faire connaître immédiatement dans le monde entier les idées originales, les directions nouvelles, les découvertes importantes qui se font jour dans tous les pays. Chaque savant exposera les idées qu'il a introduites dans la science et condensera pour ainsi dire ses doctrines les plus originales.

La *Bibliothèque scientifique internationale* ne comprendra point seulement des ouvrages consacrés aux sciences physiques et naturelles ; elle abordera aussi les sciences morales comme la philosophie, l'histoire, la politique et l'économie sociale, la haute législation, etc. ; mais les livres traitant des sujets de ce genre se rattacheront encore aux sciences naturelles, en leur empruntant les méthodes d'observation et d'expérience qui les ont rendues si fécondes depuis deux siècles.

Cette collection paraît à la fois en français, en anglais, en allemand, en russe et en italien : à Paris, chez Germer Baillière ;

à Londres, chez Henry S. King et Cie; à New-York, chez Appleton; à Leipzig, chez Brockaus; à Saint-Pétersbourg, chez Koropchevski et Goldsmith, et à Milan, chez Dumolard.

EN VENTE : *Volumes cartonnés avec luxe.*

J. TYNDAL. **Les glaciers et les transformations de l'eau**, avec figures. 1 vol. in-8. 6 fr.
MAREY. **La machine animale**, locomotion terrestre et aérienne, avec de nombreuses figures. 1 vol. in-8. 6 fr.
BAGEHOT. **Lois scientifiques du développement des nations dans** leurs rapports avec les principes de la sélection naturelle et de l'hérédité. 1 vol. in-8. 6 fr.
BAIN. **L'esprit et le corps.** 1 vol. in-8. 6 fr.
PETTIGREW. **La locomotion chez les animaux,** marche, natation, vol. 1 vol. in-8 avec figures. 6 fr.
HERBERT SPENCER. **Introduction à la science sociale.** 1 vol. 6 fr.
O. SCHMIDT. **Descendance et darwinisme.** 1 vol. in-8 avec fig. 6 fr.
H. MAUDSLEY. **Le crime et la folie,** 1 vol. in-8 cartonné. 6 fr.
VAN BENEDEN. **Les commensaux et les parasites dans le règne** animal, 1 vol. in-8 avec 83 figures, cartonné. 6 fr.
BALFOUR STEWART. **La conservation de l'énergie** suivie d'une étude sur la nature de la force, par L. de Saint-Robert. 1 vol. in-8 avec figures. 6 fr.

Liste des principaux ouvrages qui sont en préparation :

AUTEURS FRANÇAIS

CLAUDE BERNARD. Phénomènes physiques et métaphysiques de la vie.
HENRI SAINTE-CLAIRE DEVILLE. Introduction à la chimie générale.
ÉMILE ALGLAVE. Principes des constitutions politiques.
A. DE QUATREFAGES. Les races nègres.
LÉON DUMONT. Physiologie psychologique du plaisir et de la douleur.
A. WURTZ. Atomes et atomicité.
SCHUTZENBERGER. Les fermentations.
BERTHELOT. La synthèse chimique.
H. DE LACAZE-DUTHIERS. La zoologie depuis Cuvier.
FRIEDEL. Les fonctions en chimie organique.
TH. RIBOT. Les physiologistes psychologues en Angleterre et en Allemagne.
TAINE. Les émotions et la volonté.
ALFRED GRANDIDIER. Madagascar.
DEBRAY. Les métaux précieux.
P. BERT. Les êtres vivants et les milieux cosmiques.
P. LORAIN. Les épidémies modernes.

AUTEURS ANGLAIS

HUXLEY. Mouvement et conscience.
RAMSAY. Structure de la terre.
SIR J. LUBBOCK. Premiers âges de l'humanité.
CHARLTON BASTIAN. Le cerveau comme organe de la pensée.
NORMAN LOCKYER. L'analyse spectrale.
W. ODLING. La chimie nouvelle.
LAUDER LINDSAY. L'intelligence chez les animaux inférieurs.
STANLEY JEVONS. La monnaie et le mécanisme de l'échange.
MICHAEL FOSTER. Protoplasma et physiologie cellulaire.

AMOS. La science des lois.
ED. SMITH. Aliments et alimentation.
K. CLIFFORD. Les fondements des sciences exactes.
W. B. CARPENTER. Géographie physique des mers.

AUTEURS ALLEMANDS

VIRCHOW. Physiologie pathologique.
ROSENTHAL. Physiologie générale des muscles et des nerfs.
BERNSTEIN. Physiologie des sens.
HERMANN. Physiologie de la respiration.
O. LIEBREICH. La toxicologie.
LEUCKHART. L'organisation animale.
REES. Les plantes parasites.
COHN. Les algues, les lichens et les champignons.
KUNDT. Le son.
STEINTHAL. La linguistique.
VOGEL. Chimie de la lumière.

AUTEURS AMÉRICAINS

J. DANA. Échelle et progrès de la vie.
S. W. JOHNSON. Nutrition des plantes.
J. COOKE. La chimie nouvelle.
A. FLINT. Les fonctions du système nerveux.
WHITNEY. La linguistique moderne.

AUTEURS RUSSES

KOSTOMAROF. Les chansons populaires et leur rôle dans l'histoire de Russie
MAÏNOF. Les hérésies socialistes en Russie.
•PONCOWINE. Histoire de la morale.
LOUTSCHITZÆY. Le développement de la philosophie de l'histoire.
JACOBY. L'hygiène publique.
KAPOUSTINE. Les relations internationales.

BIBLIOTHÈQUE

SCIENTIFIQUE INTERNATIONALE

X

BIBLIOTHÈQUE SCIENTIFIQUE INTERNATIONALE

Volumes in-8° reliés en toile anglaise.

Prix : 6 fr.

VOLUMES PARUS.

VOLUMES SUR LE POINT DE PARAITRE.

Coulommiers. — Typ. A. Moussin.

LA CONSERVATION

DE

L'ÉNERGIE

PAR

BALFOUR STEWART

De la Société royale de Londres
Professeur de philosophie naturelle au collége Owen à Manchester

SUIVIE D'UNE ÉTUDE SUR

LA NATURE DE LA FORCE

PAR

P. DE SAINT-ROBERT

PARIS

LIBRAIRIE GERMER BAILLIÈRE

17, RUE DE L'ÉCOLE-DE-MÉDECINE, 17

1875

PRÉFACE

————

Nous pouvons considérer l'univers comme une immense machine physique et les connaissances que nous possédons sur cette machine se diviseront en deux branches.

L'une d'elles embrasse ce que nous savons sur la structure de la machine elle-même, l'autre ce que nous savons sur la méthode qu'elle emploie pour agir.

Il a semblé à l'auteur que, dans un traité comme celui qu'il présente aujourd'hui au public, il fallait, autant que possible, étudier à la fois ces deux branches; c'est pour cette raison qu'il s'est efforcé de suivre cet ordre dans les pages suivantes. Il a considéré comme la machine un univers composé d'atomes séparés par une sorte de milieu, et les lois de l'énergie comme étant les lois qui régissent l'action de cette machine.

Le premier chapitre embrasse tout ce que nous connaissons au sujet des atomes et donne une définition de l'énergie. Puis on énumère les diverses forces et énergies de la nature et on établit les lois de la conservation. Viennent ensuite les diverses transformations de l'énergie d'après une liste dont l'auteur est redevable au professeur Tait. Le cinquième chapitre offre une rapide esquisse historique du sujet et finit par les lois de la dissipation ; le sixième et dernier chapitre cherche à rendre compte de la place occupée par les êtres vivants dans cet univers de l'énergie.

BALFOUR STEWART.

LA CONSERVATION
DE L'ÉNERGIE

CHAPITRE I

QU'EST-CE QUE L'ÉNERGIE ?

1. *Les individualités ne nous sont pas connues.* —
La plupart du temps, nous ne savons rien ou presque rien des individualités et cependant nous possédons une connaissance définie des lois qui régissent
les ensembles. Prenons un exemple. Les statistiques nous apprennent qu'à Londres, le chiffre de la
mortalité varie avec la température, car une température très-basse est invariablement accompagnée d'une
mortalité très-élevée. Néanmoins, si nous demandons
à ces statistiques de choisir un individu en particulier
et de nous expliquer comment sa mort a été produite par le degré de froid ou de chaleur, il est probable que notre question restera sans réponse.

Autre exemple. Nous pouvons être certains qu'a-
près une mauvaise récolte il se fera dans le pays une

importation considérable de blé mais nous ignorons absolument les voyages particuliers accomplis par les différentes parcelles de farine qui entrent dans la composition d'un morceau de pain.

Prenons un troisième exemple. Les vents alisés nous prouvent qu'il existe un courant d'air régulier des pôles à l'équateur et pourtant personne n'est capable d'individualiser une particule de cet air et de décrire ses divers mouvements.

2. Nous ne connaissons pas mieux les individualités quand nous entrons dans le domaine de la science physique. Nous ne savons rien ou presque rien de la structure et des propriétés élémentaires de la matière organique ou inorganique.

Il y a cependant certains cas où un grand nombre de particules sont reliées les unes aux autres de manière à agir comme une seule individualité et il nous est alors possible de prédire leur action; c'est ainsi qu'en observant le système solaire, l'astronome parvient à prédire avec une exactitude parfaite la position des diverses planètes ou de la lune. Il en est de même pour les affaires humaines où nous trouvons l'action générale d'un grand nombre d'individus dont l'ensemble constitue une nation, et l'homme d'état étudiant l'action et la réaction des différentes nations les unes sur les autres accomplit une œuvre analogue à celle de l'astronome. Mais si nous demandons à l'astronome ou à l'homme d'état de choisir une particule isolée ou un être humain isolé et de nous prédire les mouvements qu'ils accompliront, l'un et l'autre trouvera sa science complétement en défaut.

3. Il est inutile de chercher bien loin la cause de cette ignorance. Une activité continuelle, sans repos et pleine de complications, est l'ordre que suit la nature dans toutes les individualités qui la composent, soit parmi les êtres animés soit parmi les parcelles de matière inanimée. L'existence est une lutte sans trêve, une grande bataille se livrant toujours et partout, et le théâtre du combat est la plupart du temps absolument caché à nos regards.

4. Bien qu'il nous soit impossible de suivre les mouvements des individualités, nous sommes quelquefois capables de prédire le résultat et même les détails d'un combat, et de spécifier les motifs qui contribueront à en amener l'issue. Tandis que les individus offrent le spectacle d'une grande liberté d'action et d'une grande complication de mouvements, les lois qui règlent le résultat final auquel arrive la société sont relativement simples.

Avant de commencer à les étudier, il ne sera pas inutile de jeter un coup d'œil rapide sur le monde organique afin que nos lecteurs aussi bien que nousmêmes puissions nous bien persuader de notre commune ignorance de la structure et des propriétés dernières de la matière.

5. Retraçons d'abord les causes qui amènent la maladie. Il y a quelques années à peine, nous avons commencé à soupçonner qu'un grand nombre des

maladies qui nous affligent sont produites par des germes organiques. En admettant que nous soyons dans le vrai, nous devons cependant avouer que notre ignorance au sujet de ces germes est des plus complètes. Nous avons même lieu de douter qu'une seule personne ait jamais vu l'un de ces organismes [1], mais il est certain que nous sommes profondément ignorants de leurs propriétés et de leurs habitudes.

Quelques écrivains [2] nous affirment que l'air que nous respirons est absolument rempli de germes et que de tous côtés nous sommes entourés de légions d'êtres organisés. On a supposé que ceux-ci se livrent mutuellement à une guerre incessante et que nous sommes la proie du parti le plus fort. Quoi qu'il en soit, nous sommes intimement liés et pour ainsi dire à la merci d'un monde de créatures sur lesquelles nous n'en savons pas plus long que sur les habitants de la planète Mars.

6. Cependant malgré notre ignorance complète de l'individu, nous possédons une certaine connaissance de quelques-unes des habitudes de ces puissantes et dangereuses sociétés. Le choléra ravage spécialement les terrains bas et pendant qu'il règne nous devons prêter une attention particulière à l'eau qui nous sert de boisson. Il y a donc pour le choléra une

1. On prétend que, dans un ou deux cas, le microscope a pu les grandir suffisamment pour nous permettre de les apercevoir.
2. Voyez Dr Augus Smith, « *On Air and Rain.* »

loi générale dont l'importance est pour nous d'autant plus grande que nous ne pouvons étudier les habitudes des individus organisés qui causent la maladie. S'il était possible de les apercevoir, on ne tarderait pas à posséder une connaissance beaucoup plus approfondie de leurs mœurs et peut-être même pourrait-on trouver les moyens d'extirper la maladie et de prévenir ses retours.

Grâce à Jenner, nous savons que la vaccination arrête les ravages de la petite vérole, mais dans ce cas nous ne valons guère mieux qu'une bande de captifs qui ont découvert le moyen de se mutiler de façon à se rendre sans valeur pour leurs ennemis.

7. Nos connaissances au sujet de la nature et des habitudes des molécules organisées sont bien minimes; mais sur les molécules dernières de la matière inorganique elles sont encore bien moindres, s'il est possible. Il n'y a même pas bien longtemps que les maîtres de la science ont fini par admettre complétement leur existence.

Afin de nous bien représenter ce qu'on entend par le mot de molécule organique, prenons un peu de sable, écrasons-le en parcelles de plus en plus petites et broyons de nouveau celles-ci. Un fait est certain, c'est que par cette opération nous n'atteindrons jamais le dernier degré de petitesse; cependant notre imagination est libre de supposer que la division peut être indéfiniment prolongée et donner sans cesse des parcelles de plus en plus petites. Dans ce cas, nous

devons au moins parvenir à une dernière molécule de
sable ou d'oxyde de silicium, ou en d'autres termes,
arriver à l'entité minimum conservant toutes les propriétés du sable, de telle sorte qu'en poursuivant davantage la division de la molecule, le seul résultat soit
de séparer celle-ci en ses constituants chimiques, c'est-
à-dire en silicium d'une part et en oxygène de l'autre.

Nous avons de puissants motifs pour croire que le
sable ou toute autre substance est incapable de subir
une division indéfinie et qu'en triturant un bloc solide d'une matière quelconque nous ne pouvons faire
autre chose que de le réduire en blocs semblables à
l'original, quoique de dimensions moindres, chacun
d'eux contenant probablement un nombre immense
de molécules individuelles.

8. Une goutte d'eau, tout comme un grain de sable,
est composée d'un nombre très-considérable de molécules rattachées les unes aux autres par la force de
cohésion; cette force est beaucoup plus puissante
pour le sable que pour l'eau mais elle existe cependant dans les deux cas. Sir William Thomson, physicien distingué, est arrivé récemment à un résultat
bien curieux au sujet des molécules d'eau. Il suppose
qu'une goutte d'eau soit agrandie jusqu'à devenir
aussi grosse que la terre et que toutes les molécules
soient augmentées dans les mêmes proportions, et il
en arrive à conclure que, dans ces conditions, la molécule ne dépassera guère les dimensions d'un grain
de plomb de chasse.

9. Quelle que soit la valeur de cette conclusion, elle nous permet de comprendre l'excessive petitesse des molécules de matière et de nous assurer qu'il ne nous sera jamais possible de les rendre visibles, même au moyen du microscope le plus fort. Notre connaissance des dimensions, des formes et des propriétés de pareils corps doit par conséquent se baser sur une démonstration indirecte d'une nature très-compliquée.

Ainsi donc nous ne savons rien ou à peu près rien ni sur la forme ou la dimension des molécules ni sur les forces auxquelles elles obéissent. Les plus énormes masses de l'univers ont avec les plus petites cette ressemblance qu'elles sont hors des limites des sens de l'homme, les unes parce qu'elles sont trop éloignées, les autres parce qu'elles sont trop petites.

10. Ces molécules ne sont pas au repos; au contraire, elles déploient dans leurs mouvements une énergie interne éternelle. Il s'accomplit une guerre sans trêve, une lutte constante entre ces petits corps se dispersant sans cesse, se rejoignant toujours jusqu'au moment peut-être où ils reçoivent un choc assez violent pour séparer leurs divers atomes qui s'en vont alors former une molécule composée. Il en résulte un nouvel état de choses. Mais un simple atome élémentaire est véritablement un être immortel, jouissant du privilège de demeurer inaltéré et essentiellement inaffecté sous les coups les plus violents qui puissent lui être portés. Il est probablement dans un état d'ac-

tivité et de changement de forme incessants; mais néanmoins il reste toujours le même.

11. Un instant de réflexion nous convaincra que cette incessante activité est une autre barrière pour notre connaissance complète des molécules et des atomes, car en supposant même que nous puissions les apercevoir, ils ne resteraient pas en repos pendant un temps suffisamment long pour se laisser étudier complétement. Il existe, il est vrai, des procédés au moyen desquels nous sommes capables de rendre visibles par exemple les contours d'un disque coloré et animé d'un mouvement de rotation très-rapide; il nous suffira pour cela de l'éclairer au moyen de la lueur d'une étincelle électrique et de supposer que le disque est resté immobile pendant la durée excessivement courte de l'étincelle. Il nous est impossible d'en dire autant des molécules et des atomes; car, en admettant la faculté d'apercevoir un atome et de l'illuminer par une étincelle électrique, celui-ci aurait certainenement vibré un très-grand nombre de fois pendant la durée de l'étincelle. En résumé, les limites de nos sens relativement à l'espace et au temps nous interdisent également la possibilité de devenir jamais directement familiers avec les infiniment petits qui sont pourtant les matériaux dont est construit l'univers tout entier.

12. *L'action et la réaction sont égales et opposées.* — Tandis qu'un voile impénétrable est étendu sur les individualités qui prennent part à cette guerre des

atomes se heurtant les uns contre les autres, nous n'ignorons pourtant pas complétement les lois fixant le résultat final de tous ces mouvements considérés dans leur ensemble.

Supposons, par exemple, que nous ayons un globe de verre contenant un grand nombre de poissons rouges, reposant sur une table et délicatement supporté sur des roues de façon à être mis en mouvement par la plus légère impulsion. Ces poissons exécutent des mouvements nombreux et irréguliers et il faudrait être bien hardi pour oser prédire ceux qu'accomplira l'un de ces poissons pris en particulier. Nous sommes pourtant parfaitement certains que malgré les mouvements irréguliers des êtres qui l'habitent, le globe restera immobile sur ses roues.

En supposant même la table remplacée par la surface congelée d'un lac, et les roues douées de la délicatesse la plus extrême, le globe restera immobile. Nous serions très-surpris si nous constations que celui-ci se rend de lui-même d'un côté à l'autre de la table ou d'un bord à l'autre du lac glacé par suite des mouvements intérieurs de ses habitants. Quels que soient les mouvements des unités individuelles, nous sommes bien sûrs que le bocal ne se mouvra pas. Dans un semblable système, comme du reste dans tout système abandonné à lui-même, il peut y avoir de puissantes forces internes agissant entre les diverses parties, mais ces actions et ces réactions sont égales et opposées; les petites parties, visibles ou invisibles, éprouvent mutuellement de violentes commotions et cependant l'ensemble du système reste en repos.

13. Il est parfaitement légitime de passer de cet exemple d'un bocal à poissons rouges au cas d'un fusil qu'on vient de décharger. Nous avons supposé que le globe avec ses poissons constituait un système, nous regarderons maintenant le fusil avec sa poudre et sa balle comme formant, lui aussi, un système.

Admettons que l'explosion s'est faite au moyen d'une étincelle. Bien que cette étincelle soit un agent extérieur, si nous y réfléchissons un peu, nous verrons que dans ce cas le seul rôle qu'elle a joué est d'avoir éveillé les forces internes existant déjà dans le fusil chargé, de les avoir amenées à un violent état d'activité de sorte qu'en vertu de ces forces intérieures l'explosion a eu lieu.

Le résultat le plus important de cette explosion est l'impulsion reçue par la balle qui part avec rapidité et fera peut-être un kilomètre ou même davantage avant de demeurer en repos. Il semblera à première vue que la loi d'égalité entre l'action et la réaction est violée, car les forces intérieures présentes dans le fusil, ont fini par chasser dans une direction une partie du système, c'est-à-dire la balle, avec une énorme rapidité.

14. Un peu plus de réflexion nous permettra de reconnaître un autre phénomène en outre du mouvement pris par la balle. Tous les chasseurs savent bien qu'au moment où ils déchargent un fusil, ils reçoivent à l'épaule un choc ou recul dont ils ne de-

manderaient pas mieux que d'être privés, mais que nous accepterons volontiers car nous y trouverons la solution de notre difficulté. En d'autres termes, tandis que la balle est projetée en avant, la crosse de l'arme, si elle est libre de se mouvoir, est au même instant projetée en arrière. Pour fixer nos idées, supposons que la crosse pèse 1000 grammes et la balle 10 grammes et que celle-ci soit projetée en avant avec une vitesse de 300 mètres par seconde ; la loi de l'action et de la réaction prouve que la crosse sera rejetée en arrière avec une vitesse de 3 mètres par seconde, de sorte que la masse de la crosse multipliée par sa vitesse de recul doit être précisément égale à la masse de la balle multipliée par sa vitesse de projection. L'un des produits constitue une mesure de l'action dans une direction, et l'autre une mesure de la réaction dans la direction opposée. Nous voyons donc que pour le cas du fusil aussi bien que pour celui du bocal, l'action et la réaction sont égales et opposées.

15. Nous pouvons même étendre la loi à des cas où nous n'apercevons ni recul ni réaction. Ainsi si nous laissons tomber une pierre du haut d'un précipice, le mouvement nous semble être tout entier dans une direction, tandis qu'en réalité il est le résultat d'une attraction mutuelle entre la terre et la pierre. Mais la terre n'est-elle pas, elle aussi, en mouvement ? Nous ne la voyons pas se mouvoir mais nous sommes en droit d'affirmer que réellement elle se meut de bas en haut pour rencontrer la pierre, quoi-

qu'elle ne le fasse que d'une façon imperceptible. La loi de l'action et de la réaction se vérifie encore avec autant d'exactitude que pour le fusil et la seule différence est que tout-à-l'heure, les deux objets s'écartaient l'un de l'autre tandis que maintenant ils s'avancent l'un vers l'autre. En outre, comme la masse de la terre est très-grande en comparaison de celle de la pierre, il en résulte que sa vitesse doit être excessivement petite afin que la masse de la terre multipliée par sa vitesse de bas en haut puisse égaler la masse de la pierre multipliée par sa vitesse de haut en bas.

16. Nous sommes donc, malgré notre ignorance sur les dernières molécules ou derniers atomes de matière, arrivés à une loi générale régissant l'action de forces intérieures. Nous constatons que ces forces s'exercent réciproquement et que si A attire ou repousse B, B est à son tour attiré ou repoussé par A. Nous trouvons ici un excellent exemple de ce genre de généralisation qu'il nous est donné d'atteindre en dépit de notre ignorance des individualités. Cependant nous ne connaissons pas encore tout ce qu'il est désirable de savoir et nous ne possédons pas l'intelligence complète de tous les phénomènes qui s'accomplissent dans tous les cas semblables, par exemple dans celui du fusil qu'on vient de décharger. Cherchons donc à approfondir un peu plus la question.

17. Nous regardons la quantité de mouvement comme étant le produit de la masse par la vitesse ; or puisque la vitesse du recul du fusil multipliée par la

masse de la crosse est égale à la vitesse de projection
de la balle, nous sommes en droit de dire que la
quantité de mouvement créé est égale dans les deux
directions, et que la loi de l'action et de la réaction
est toujours vérifiée. Néanmoins il ne peut manquer
de nous venir à l'esprit qu'à un certain point de vue le
mouvement de la balle est fort différent de celui de la
crosse. Vous n'hésiterez jamais, si vous avez le choix,
de laisser la crosse reculer contre votre épaule et la
balle être chassée dans l'air ou de laisser la balle
se décharger contre votre épaule et de permettre à la
crosse de voler dans l'air. Si quelqu'un se permettait
d'affirmer l'égalité absolue entre le coup de la balle
et celui de la crosse, il suffirait de l'engager à soumettre son assertion à une épreuve pratique ; vous
pouvez être parfaitement sûr qu'il déclinera votre in-
vitation. S'il en était ainsi, une compagnie de soldats
sur un champ de bataille souffrirait beaucoup plus
que l'ennemi contre lequel elle dirigerait ses feux ;
en effet aucun recul ne serait perdu pour les soldats
tandis que plus d'une balle le serait pour l'ennemi.

18. Nous concevons bien clairement cette immense
différence et il ne nous reste plus qu'à revêtir nos
expressions toutes familières d'un manteau scientifique convenable.

Le quelque chose possédé par la balle et qui la distingue de la crosse est évidemment la puissance de
vaincre la résistance. Elle est capable de pénétrer à
travers du bois, de l'eau, ou même, hélas ! à travers

le corps humain, et cette puissance de pénétration est
le caractère distinctif d'une substance se mouvant
avec une grande vitesse.

19. Définissons par le mot énergie ce pouvoir de la
balle de vaincre des obstacles ou d'accomplir du travail. Nous employons le mot travail sans y rattacher
l'idée du caractère moral de la chose accomplie et
nous pouvons parfaitement nous permettre de calculer la quantité de travail accomplie en perçant un
trou à travers une plaque ou à travers un homme.

20. Un corps tel qu'une balle de fusil se mouvant
avec une vitesse très-considérable possède donc de
l'énergie et il est inutile de réfléchir beaucoup pour
comprendre que cette énergie devra être proportionnelle à son poids ou à sa masse. En effet une
balle de 1 gramme se mouvant avec une vitesse
de 300 mètres par seconde fera le même effet que
deux balles de 5 grammes marchant avec la même
vitesse ; cependant l'énergie de deux balles de 5 grammes douées d'un mouvement identique sera évidemment double de celle d'une seule. Il en résulte que
l'énergie est proportionnelle au poids en admettant
que la vitesse reste toujours la même.

21. Mais, d'autre part, l'énergie n'est pas simplement proportionnelle à la vitesse, car s'il en était ainsi,
l'énergie de la crosse et celle de la balle seraient les
mêmes, d'autant plus que la crosse gagnerait par sa
masse considérable ce qu'elle perdrait par sa faible vitesse. L'énergie d'un corps qui se meut augmente avec

la vitesse plus rapidement que selon une proportion simple, et si la vitesse est doublée, l'énergie deviendra plus de deux fois plus grande. Nous allons maintenant nous demander suivant quelle loi l'énergie augmente avec la vitese et chercher dans notre réponse à ne nous appuyer que sur des faits simples et que l'expérience de chaque jour nous rend familiers.

22. Les artilleurs savent qu'en donnant à un boulet une vitesse double, son pouvoir de pénétration ou énergie deviendra presque quadruple, et qu'il traversera à peu près une planche quatre fois plus épaisse qu'un boulet animé d'une vitesse moitié moins grande ; en d'autres termes ils nous diront en employant un langage mathématique que l'énergie varie comme le carré de la vitesse.

23. *Définition du travail.* — Avant d'aller plus loin, il nous devient nécessaire d'expliquer à nos lecteurs comment il est possible de mesurer le travail d'une façon rigoureusement scientifique. Nous avons défini l'énergie comme étant la puissance d'accomplir un travail, et quoique chacun de nous possède une notion générale de la signification du mot travail, il se peut que cette notion ne soit point suffisamment précise pour le but que nous proposons en écrivant ce volume. Il nous faut mesurer le travail. Heureusement, nous n'aurons pas besoin d'aller chercher bien loin des procédés pratiques. Nous avons sous la main une force nous permettant d'exécuter cette mesure avec la plus complète précision : c'est la pesanteur. Or la

première opération à faire dans une mesure numérique est le choix d'une unité; nous mesurons un bâton
en centimètres, et un chemin en kilomètres, et dans
ce cas nous regardons le centimètre ou le kilomètre
comme notre unité de mesure. Nous parlons de secondes, de minutes, d'heures, de jours, d'années, lorsque nous voulons apprécier des temps. Nous prendrons
désormais le kilogramme et le mètre comme unités.

Si maintenant nous élevons verticalement de
1 mètre un poids de 1 kilogramme, nous avons conscience d'un effort exercé et d'une résistance éprouvée
par nous et provenant de la pesanteur. Nous dépensons de l'énergie, et nous accomplissons un travail en
élevant ce poids. Convenons de les considérer comme
l'unité de travail que nous nommerons kilogrammètre.

24. Si nous élevons le kilogramme à 2 mètres de
hauteur, nous accomplissons évidemment 2 unités
de travail, si nous l'élevons à 3 mètres, nous pro-
duisons 3 unités et ainsi de suite. Il est encore évident que si nous élevons un poids de 2 kilogrammes
à 1 mètre de hauteur, nous avons pareillement 2 unités de travail, 4 unités pour 2 mètres de hauteur, et
ainsi de suite.

Ces exemples nous permettent de poser la règle
suivante : Multipliez le poids élevé (en kilogrammes)
par la hauteur verticale (en mètres) à laquelle il est
élevé, le produit sera le travail accompli (en kilogrammètres).

25. *Rapport entre la vitesse et l'énergie.* — Maintenant que nous avons donné une base à notre édifice, cherchons à découvrir le rapport existant entre la vitesse et l'énergie. Mais d'abord disons quelques mots de la vitesse. C'est ici un des rares cas dans lesquels notre expérience de chaque jour aidera plutôt qu'elle ne gènera notre conception scientifique.

Nous avons constamment sous les yeux l'exemple de corps se mouvant avec des vitesses variables. Ainsi un train approchant d'une station commence à ralentir son mouvement. Au moment où nous commençons à l'observer, il s'avance avec une rapidité de cinquante kilomètres à l'heure; une minute plus tard il n'en fera plus que trente, et enfin, une minute après il sera au repos. Il n'y a pas deux moments consécutifs où ce train ait marché avec la même vitesse, et cependant nous pouvons dire en toute exactitude que, pendant l'un de ces moments, le train faisait par exemple quarante kilomètres à l'heure. Nous voulons dire évidemment que s'il avait continué pendant une heure à se mouvoir avec la vitesse qu'il possédait à l'instant de l'observation, il aurait parcouru quarante kilomètres. Nous savons que réellement il n'a point eu pendant deux secondes consécutives la même vitesse, mais ce fait n'a aucune conséquence et est sans influence sur la façon dont notre esprit s'empare du problème, tant nous sommes habitués à voir ces exemples de vitesse variable.

26. Imaginons maintenant un poids de un kilo-

gramme lancé verticalement de bas en haut avec une certaine vitesse initiale de 9,8 mètres par seconde, par exemple. La pesanteur agira évidemment sur ce poids, et ne cessera de diminuer la vitesse de son ascension tout comme, s'il s'agissait du train, le frein réduirait continuellement la vitesse. Il est très-facile de s'expliquer ce que nous entendons par vitesse initiale de 9,8 mètres par seconde. Nous entendons en effet que si la pesanteur ne faisait pas sentir son action et si l'air ne faisait point éprouver de résistance, enfin si nous empêchions toute influence extérieure quelconque d'agir sur la masse en train de s'élever, on trouverait que celle-ci parcourrait 9, 8 mètres par seconde.

Or il est bien connu de ceux qui ont étudié les lois du mouvement qu'un corps lancé de bas en haut avec une vitesse de 9,8 mètres en une seconde sera réduit à l'immobilité lorsqu'il sera arrivé à 4,9 mètres de hauteur. Si donc il s'agit de 1 kilogramme, sa vitesse initiale l'aura rendu capable de s'élever à 4,9 de hauteur contre la force de la pesanteur; en d'autres termes, il aura accompli 4, 9 unités de travail. Nous pouvons supposer, qu'au terme de son ascension, et juste au moment de descendre, on le saisisse à la main ou qu'il se loge au sommet d'une maison, ce qui l'empêche de retomber sur le sol. Nous affirmerons donc que 1 kilogramme, lancé de bas en haut avec la vitesse de 9,8 mètres par seconde possède une énergie égale à 4,9 puisqu'il peut s'élever lui-même à 4,9 mètres de hauteur.

27. Supposons maintenant que la vitesse avec laquelle le kilogramme est lancé de bas en haut est de 19,6 mètres par seconde. Tous ceux qui ont étudié la dynamique savent que le kilogramme montera maintenant non pas deux fois, mais quatre fois aussi haut, enfin qu'il s'élèvera à 19, 6 mètres de hauteur. S'il en est ainsi, d'après nos principes de mesure, le kilogramme possède maintenant quatre fois autant d'énergie qu'il en avait tout à l'heure, puisqu'il peut s'élever quatre fois aussi haut et par conséquent accomplir quatre fois autant de travail. Nous en concluons qu'en doublant la vitesse, l'énergie est quadruplée.

Si la vitesse initiale avait été trois fois celle du premier cas, soit 29,4 mètres par seconde, on prouverait de même que la hauteur atteinte aurait été de 44, 1 mètres, de sorte qu'en triplant la vitesse, l'énergie devient neuf fois plus grande.

28. Ainsi, soit que nous mesurions l'énergie d'un corps en mouvement par l'épaisseur des planches à travers lesquelles il est capable de percer sa route, soit que nous la mesurions par la hauteur à laquelle il peut s'élever lui-même contre la pesanteur, le résultat auquel nous arrivons est le même. Nous trouvons que l'énergie est proportionnelle au carré de la vitesse et nous pouvons formuler notre conclusion de la manière suivante :

Si $v =$ la vitesse initiale exprimée en mètres parcourus par seconde, l'énergie exprimée en kilogrammètres sera $= \dfrac{v^2}{19.6}$. Il est évident que si le corps lancé de bas en haut pèse deux kilogrammes, tout sera doublé, s'il en pèse trois, tout sera triplé de sorte que finalement, si nous représentons pâr m la masse du corps en kilogrammes, son énergie en kilogrammètres sera $= \dfrac{mv^2}{19.6}$. Pour vérifier l'exactitude de cette formule, il nous suffira de l'appliquer aux cas dés Art. 26 et 27.

29. Nous pouvons en donner un ou deux exemples. Ainsi supposons qu'on ait à trouver l'énergie contenue dans une masse de 5 kilogrammes láncée de bas en haut avec une vitesse de 20 mètres par seconde.

Nous avons $m = 5$ et $v = 20$, d'où

$$\text{Energie} = \frac{5\,(20)^2}{19.6} = \frac{2000}{19.6} = \text{environ } 102.04$$

Cherchons maintenant à trouver la hauteur à laquelle cette masse s'élèvera avant de retomber. Nous savons que son énergie est 102.04 et que sa masse est 5. En divisant 102.04 par 5, nous obtenons 20.408 comme hauteur à laquelle cette masse de 5 kilogrammes doit s'élever pour accomplir un travail de 102.04 kilogrammètres.

30. Dans ce que nous venons de dire, nous n'avons pris en considération ni la résistance ni l'agitation de l'atmosphère; de fait, nous avons admis que les expériences s'exécutaient dans le vide, ou du moins au

moyen de lourdes masses comme le plomb qui n'est que peu influencé par la résistance et par l'agitation de l'air. Il ne faut pourtant pas oublier qu'une feuille de papier ou une plume projetées avec les vitesses mentionnées précédemment seront bien loin d'atteindre dans l'air les hauteurs trouvées et qu'elles ne tarderont guère à être arrêtées par suite de la grande résistance qu'elles rencontrent et qui est la conséquence de leur grande surface combinée à leur faible masse.

D'autre part si la substance dont nous faisons usage est un sac grand et léger rempli d'hydrogène, il s'élèvera sans aucun effort de notre part et nous n'accomplirons évidemment aucun travail en le faisant monter à un ou plusieurs mètres de hauteur ; tout a u contraire, il fera réellement un effort pour nous soulever nous-mêmes.

En un mot, ce que nous avons énoncé ne se rapporte qu'à la pesanteur et nous n'avons point considéré un milieu résistant comme l'atmosphère, dont l'existence n'a pas besoin d'entrer en ligne de compte dans nos calculs actuels.

31. Nous nous souviendrons aussi que si l'énergie d'un corps en mouvement dépend de sa vitesse, elle est indépendante de la direction suivant laquelle le corps se meut. Nous avons supposé que le corps était projeté de bas en haut avec une vitesse donnée, mais il pourrait être lancé horizontalement avec la même vitesse et il aurait dans ce cas la même énergie que

précédemment. Si on lance un boulet de canon verticalement on peut lui faire dépenser son énergie soit à
s'élever lui-même soit à percer une suite de planches.
Si maintenant on lance ce même boulet horizontalement avec la même vitesse, il percera le même nombre de planches.

Enfin la direction du mouvement n'a point d'importance et la seule raison pour laquelle nous avons
choisi un mouvement vertical est que, dans ce cas, la
force de la pesanteur s'oppose uniformément et constamment au mouvement du corps et elle nous permet
ainsi d'obtenir une mesure exacte du travail accompli par le boulet en se frayant un passage en opposition à cette force.

32. Cependant la pesanteur n'est pas la seule force
et nous pourrions évaluer l'énergie d'un corps qui se
meut en mesurant la quantité dont il ferait ployer un
ressort, ou comment il résisterait à un aimant puissant. En résumé nous pouvons faire usage de la force
qui nous convient le mieux pour le but que nous nous
proposons. Si cette force est constante, nous devrons
mesurer l'énergie du corps en mouvement par l'espace
qu'il est capable de parcourir contre l'action de cette
force absolument connue. Dans le cas de la pesanteur
nous avons mesuré l'énergie du corps par l'espace
dont il était capable de s'élever contre l'action de son
propre poids.

33. Nous devons évidemment nous rappeler toujours que, si cette force est plus puissante que la pe-

santeur, un corps parcourant une courte distance contre elle représentera la dépense d'autant d'énergie que s'il parcourait une distance plus considérable contre la pesanteur. Il nous faut donc prendre en considération la puissance de la force et la distance parcourue par le corps en opposition à son action, avant d'être capables d'estimer d'une façon exacte le travail qui a été accompli.

CHAPITRE II

34. *Énergie de position.* — Dans le premier chapitre
nous avons expliqué ce que nous entendions par l'é-
nergie et comment celle-ci dépend de la vitesse dont
est animé un corps qui se meut; établissons maintenant que cette même énergie ou puissance d'accomplir du travail peut néanmoins être possédée par un
corps absolument en repos. Nous nous rappellerons
(Art. 26), que dans le cas où nous avons projeté verticalement un kilogramme nous l'avons supposé saisi
au terme de son ascension et logé au sommet d'une
maison. En cet endroit, il demeure sans mouvement
mais non sans pouvoir produire du travail et par
conséquent non sans énergie. En effet, nous savons
tous que si nous le laissons retomber, il frappera le
sol avec autant de vitesse et par suite, avec autant

d'énergie qu'il en possédait lorsqu'au début il avait été projeté de bas en haut. Ou bien encore, nous pouvons, si cela nous convient, employer son énergie à nous aider à enfoncer un pieu ou l'utiliser d'une multitude de façons.

Dans la position élevée qu'il occupe, il possède donc de l'énergie ; mais cette énergie est d'une nature paisible et n'est en rien due au mouvement ; elle provient de la position occupée par le kilogramme au sommet de la maison. De même qu'un corps en mouvement diffère complétement au point de vue de l'énergie d'un corps en repos, de même un corps placé au sommet d'une maison est tout différent d'un corps situé au bas de cette maison.

Supposons en effet, deux hommes doués d'une adresse et d'une force égales en train de lutter l'un contre l'autre, chacun d'eux muni d'un tas de pierres avec lesquelles il se propose de frapper le corps de son adversaire. Cependant l'un de ces hommes s'est assuré, pour lui-même et pour sa provision de projectiles, d'une position élevée au sommet d'une maison tandis que son ennemi doit se contenter de rester au pied de la maison. Il est évident que l'homme placé en haut devra avoir l'avantage, non pas à cause de sa propre énergie mais par suite de l'énergie qu'il tire de la position élevée de son tas de pierres. Nous voyons donc qu'il existe une sorte d'énergie dérivant de la position, tout comme une autre sorte dépend de la vitesse ; nous nommerons désormais la première, énergie de position, et la seconde, énergie de mouvement.

35. Prenons un autre exemple. Supposons deux moulins, l'un voisin d'un grand étang, occupant un niveau plus élevé, le second près d'un autre étang situé à un niveau plus bas que le sien. Il est à peine nécessaire de nous demander lequel des deux travaillera car il est évident que le second ne retirera aucun avantage de son eau située trop bas tandis que le premier profitera du niveau plus haut de la sienne pour faire tourner sa roue et accomplir son travail. Ainsi donc l'eau d'un niveau supérieur pourra produire une grande somme de travail, écrasera du blé, sciera des madriers, au lieu que l'eau d'un niveau inférieur sera absolument incapable d'exécuter une œuvre quelconque.

36. Dans les exemples que nous venons de prendre nous avons considéré la pesanteur comme étant la force à l'encontre de laquelle nous devons produire du travail et en vertu de laquelle une pierre ou un étang dans une position élevée occupe une position avantageuse et est capable de produire du travail en tombant à un niveau inférieur. Mais, en outre de la pesanteur, il existe d'autres forces par rapport auxquelles un corps peut occuper une position avantageuse et être aussi susceptible d'une production de travail que l'étaient tout-à-l'heure la pierre ou l'étang. Prenons par exemple la force d'élasticité, et considérons ce qui se passera dans le cas d'un arc. Lorsque

l'arc est tendu, la flèche est évidemment dans une position avantageuse relativement à la force élastique de l'arc, et quand elle est lancée, cette énergie de position est transformée en énergie de mouvement, tout comme au moment où nous avons laissé tomber la pierre du sommet de la maison, son énergie de position s'est transformée en mouvement actuel. Il en est de même pour une montre remontée qui est dans une position avantageuse relativement à la force élastique du grand ressort, et, à mesure que les roues tournent, celle-ci est graduellement changée en énergie de mouvement.

37. *Avantage de position*. — Le sort de toutes les variétés d'énergie de position est de finir par se convertir en énergie de mouvement. L'une peut se comparer à un capital déposé dans une banque, l'autre à une somme d'argent que nous sommes en train de dépenser. Quand nous avons de l'argent dans une banque, nous pouvons l'en retirer toutes les fois que nous en avons besoin ; de même nous pouvons faire usage, quand il nous plaît, de l'énergie de position. Pour être mieux compris, comparons un moulin mû par un étang et un autre mû par le vent. Dans le premier cas, nous avons la faculté d'ouvrir les écluses quand il nous conviendra, dans l'autre, nous serons obligés d'attendre que le vent vienne à souffler. L'un possède l'indépendance d'un riche, l'autre la dépendance d'un pauvre. Si nous poursuivons l'analogie un peu plus loin, nous dirons que le grand capitaliste, l'homme

qui a acquis une position élevée, est respecté parce
qu'il a à sa disposition une grande quantité d'énergie;
souverain ou général en chef, il n'est puissant que
parce qu'il possède quelque chose lui permettant
de faire usage des services des autres. Lorsque
l'homme opulent paie un ouvrier qui travaille pour
lui, en réalité il convertit une portion de son énergie
de position en énergie actuelle, absolument comme le
meunier fait écouler une portion de l'eau de son
étang afin de l'obliger à accomplir un travail quelconque.

38. *Transformation de l'Énergie visible.* — Nous
nous sommes efforcés de montrer qu'il existe une
énergie de repos et une énergie vivante, une énergie
de position et une autre de mouvement; retraçons
maintenant les changements qui s'effectuent dans l'é-
nergie d'un poids lancé verticalement, à mesure qu'il
s'élève. Il part avec une certaine somme d'énergie de
mouvement mais à mesure qu'il monte, celle-ci se
transforme par degré en énergie de position jusqu'à
ce que, arrivé au terme de sa course, son énergi soit
entièrement due à la position.

Ainsi, supposons que nous projetions verticalement
1 kilogramme avec la vitesse de 19,6 mètres par
seconde. D'après la formule de l'Art. 28, il contient
19,6 unités d'énergie dues à la vitesse qu'il possède.
Si nous l'examinons au bout d'une seconde, nous
trouverons qu'il s'est élevé de 14,7 mètres et a maintenant une vitesse de 9,8. Nous savons (Art. 26) que

cette vitesse prouve une somme d'énergie actuelle
égale à 4,9, tandis que la hauteur atteinte correspond
à une énergie de position égale à 14,7. Par conséquent, le kilogramme possède à ce moment une énergie totale de 19,6 dont 14,7 unités sont dues à la
position et 4,9 au mouvement actuel. Si nous l'examinons après une autre seconde, nous verrons qu'il
arrive au repos de sorte que son énergie de mouvement est exactement nulle; il est pourtant parvenu à
s'élever à 19,6 mètres de hauteur de sorte que son
énergie de position est 19,6.

Il n'y a donc point de disparition d'énergie pendant l'ascension du kilogramme, mais tout simplement un changement graduel d'une espèce d'énergie
en une autre. Il part avec une énergie actuelle qui est
graduellement transformée en énergie de position.
Mais si à un instant quelconque de son ascension,
nous additionnons l'énergie actuelle du kilogramme
et celle qui est due à sa position, nous trouverons que
le total reste toujours le même.

39. C'est précisément l'inverse qui a lieu lorsque le
kilogramme commence sa descente. Il part sans aucune énergie de mouvement mais avec une certaine
somme d'énergie de position; à mesure qu'il tombe,
son énergie de position devient moindre et son énergie actuelle plus considérable, le total restant toujours
constant jusqu'à ce que, au moment où il va toucher
le sol, son énergie de position a été entièrement
changée en une autre de mouvement actuel; il s'ap-

proche maintenant du sol avec la vitesse, et par conséquent avec l'énergie dont il était doué au moment
où précédemment on l'avait projeté verticalement.

40. *Plan incliné.* — Nous venons d'étudier, au point
de vue de l'énergie, les transformations subies par
un kilogramme lancé verticalement et qu'on laisse
ensuite retomber sur le sol. Nous pouvons varier
notre hypothèse, en élevant verticalement notre kilogramme, mais en ne lui permettant de descendre que
par le moyen d'un plan incliné et sans frottement.
Imaginons que le kilogramme soit façonné en forme
de globe ou de cylindre et que le plan soit parfaitement uni. Tous ceux qui ont étudié la dynamique
savent que la vitesse dont le kilogramme est animé
en atteignant la partie inférieure du plan, égalera
celle qu'il aurait eue s'il était tombé verticalement de la
même hauteur; adoptant un pareil plan incliné, nous
n'avons rien gagné ni perdu relativement à l'énergie.

En premier lieu nous ne gagnons rien. Supposons
en effet que le kilogramme arrivant au bas du plan
incliné possède une plus grande vitesse que celle que
nous lui avons communiquée à l'origine. S'il en était
ainsi il serait fort avantageux de lancer verticalement
le kilogramme et de lui faire suivre pour redescendre
la voie du plan incliné. Au moyen d'un appareil convenable, on convertirait l'arrangement en une machine à mouvement perpétuel et on accumulerait
ainsi une somme illimitée d'énergie. — Malheureusement cela n'est pas possible.

D'autre part, le plan incliné, à moins d'être tout recouvert d'aspérités, loin de s'approprier aucune portion
de l'énergie du kilogramme, l'aura restituée dans son
entier au moment où son extrémité inférieure aura
été atteinte. Peu importe la longueur et la forme du
plan, qui peut être droit, courbe ou en spirale. Dans
tous les cas, il lui suffit d'être uni et de présenter la
même hauteur verticale pour donner la même quantité d'énergie en obligeant le kilogramme à tomber
de son point le plus haut à son point le plus bas.

41. Mais tandis que l'énergie reste la même, la
durée de la descente varie d'après la longueur et la
forme du plan ; car il est clair que le kilogramme mettra plus de temps à descendre un plan très-peu incliné
qu'un plan dont la pente est très-raide. Le plan peu
incliné sera plus longtemps que l'autre pour engendrer la rapidité exigée, mais tous deux auront produit
le même résultat relativement à l'énergie, une fois
que le kilogramme aura atteint son point le plus
bas.

42. *Fonctions d'une machine.* — Nos lecteurs com-
mencent maintenant à comprendre que l'énergie ne
peut être créée et qu'il ne nous est pas possible de
tricher la nature en lui faisant rendre plus que nous
ne sommes en droit d'obtenir d'elle. Afin d'imprimer
encore mieux ce principe fondamental dans notre
esprit, étudions en détail un ou deux appareils méca-
niques et voyons en quoi ils consistent par rapport à
l'énergie.

Commençons par la mouffle : nous avons une puissance P attachée à l'extrémité d'un fil passant sur toutes les poulies et qui finit par se fixer par son autre extrémité à un crochet terminant le système supérieur ou immobile. Le poids W est attaché au système inférieur ou mobile et s'élève avec lui. Supposons que les poulies n'aient point de poids, que les fils ne subissent aucun frottement, et que W soit supporté par six fils (fig. 1). On sait que pour que cette machine soit en équilibre, il faut que W soit égal à six fois P, en d'autres termes, avec cet appareil, une puissance de 1 kilogramme équilibrera ou supportera un poids de 6 kilogrammes. Si la valeur de P s'augmente d'un seul gramme, son poids l'emportera, il descendra tandis que W commencera à monter. Dans un pareil cas, après que P aura descendu par exemple

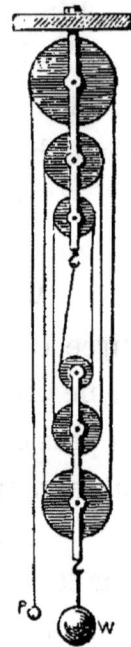

Fig. 1.

6 mètres, son poids étant par hypothèse de 1 kilogramme, il aura perdu une quantité d'énergie de position égale à 6 unités puisqu'il est à un niveau six fois plus bas que précédemment. Nous avons donc dépensé sur notre machine 6 unités d'énergie, et nous avons évidemment reçu en échange l'ascension de W que la mécanique nous affirmera être de 1 mètre.

Mais si W pèse 6 kilogrammes, comme il a été élevé de 1 mètre, nous aurons obtenu une énergie

de position égale à 6. Pendant la chute de P, nous
avons dépensé sur notre machine une somme d'énergie égale à six unités et obtenu par l'élévation de W
une somme équivalente et elle aussi égale à six unités.
Nous n'avons en réalité ni gagné ni perdu sur l'énergie, nous avons simplement mis celle-ci sous une
forme convenant davantage à l'usage que nous en
voulions faire.

43. Prenons maintenant une machine toute différente, la presse hydraulique. La fig. 2 montre son
mode d'action. Nous avons
deux cylindres, un large et un
autre étroit reliés à leur partie
inférieure par l'intermédiaire
d'un conduit rigide. Chacun de
ces cylindres est muni d'un piston fermant hermétiquement,
pressant sur un espace rempli d'eau. Il est évident,
puisque les deux cylindres se communiquent et que
l'eau est incompressible, que si nous appuyons sur
un piston, l'autre sera soulevé. Supposons la surface
du petit piston de 1 centimètre carré[1] et celle du
grand de 100 centimètres carrés, puis appliquons sur
le premier un poids de 10 kilogrammes. L'hydrosta-
tique nous enseigne que chaque centimètre carré du
grand piston sera pressé de bas en haut avec une
force de 10 kilogrammes, de sorte que le piston tout

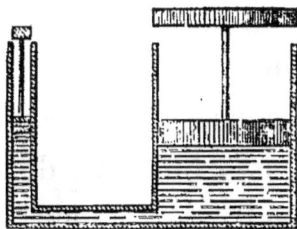

Fig. 2.

1. C'est-à-dire un carré dont le côté est de 1 centimètre.

entier montera avec une force de 1000 kilogrammes ;
en d'autres termes, il soulèvera quand il descendra un
poids de 1000 kilogrammes. Nous possédons par conséquent une machine en vertu de laquelle une pression de 10 kilogrammes sur le petit piston rendra le
grand capable de s'élever avec une force de 1000 kilogrammes. Mais il est très-facile de voir que tandis que
le petit piston descendra de 1 mètre, l'autre ne s'é-
lèvera que de 1 centimètre. En effet la quantité d'eau
sous les pistons restant toujours la même, si on l'a-
baisse de 1 mètre dans le cylindre étroit elle ne s'é-
lèvera que de 1 centimètre dans celui qui est large.

Considérons maintenant ce que nous gagnons au
moyen de cette machine. Nous nous arrangeons de
manière à ce que la puissance de 10 kilogrammes
appliquée au petit piston descende de 1 mètre, et
cela nous représente la somme d'énergie que nous
avons dépensée sur notre machine tandis qu'en retour
nous obtenons 1000 kilogrammes élevés à un seul
centimètre de hauteur. Ici comme dans le cas des poulies, le retour d'énergie est précisément le même que
la dépense, et, pourvu que nous évitions le frottement,
cette machine ne nous fait absolument rien perdre ni
gagner. Nous nous bornons à mettre l'énergie sous une
forme plus convenable ; ce que nous gagnons en puissance nous le perdons en espace, mais nous sommes
tout disposés à accomplir ce sacrifice d'espace ou de
rapidité de mouvement, afin d'obtenir l'effroyable pression ou force que nous donne la presse hydraulique.

44. *Principe des vitesses virtuelles.* — Ces exemples auront préparé nos lecteurs à comprendre la véritable fonction d'une machine. Galilée le premier, formula clairement ce principe : il vit que dans toute machine, en élevant un poids considérable au moyen d'un poids faible, on trouvera toujours que ce dernier multiplié par l'espace dont il s'abaisse égalera exactement le premier multiplié par l'espace dont il s'élève. Ce principe, appelé principe des vitesses virtuelles, nous permet immédiatement d'apprécier la position dans laquelle nous nous trouvons. Nous voyons que le monde de la mécanique n'est point une manufacture créant de l'énergie, mais une sorte de marché où nous pouvons apporter une espèce particulière d'énergie et l'échanger contre un équivalent d'un autre genre nous convenant davantage. Si nous arrivons sans rien à la main, nous sommes certains de revenir sans rien. Une machine ne crée pas, elle transforme ; et ce principe, sans autre connaissance de la mécanique, nous permet de prévoir quelles sont les conditions d'équilibre d'un arrangement quelconque.

Ainsi examinons un levier dont un des bras est trois fois aussi long que l'autre. Il est évident que si nous dérangeons l'équilibre du levier en ajoutant un seul gramme de manière à obliger le grand bras avec sa puissance à descendre, tandis que le petit avec son poids remonte, le premier tombera de trois pouces, tandis que le second s'élèvera de un seul; en revanche un kilogramme sur le long bras équilibrera trois kilogrammes sur le petit, en d'autres termes la puissance sera au poids dans le rapport de un à trois.

45. Ou bien prenons encore le plan incliné représenté fig. 3. Nous avons un plan uni et un poids maintenu en contact avec lui au moyen d'une puissance P. Si nous chargeons P par un seul gramme de plus, nous amènerons W depuis le bas jusqu'au sommet du plan. Mais lorsque cette action a été pro-

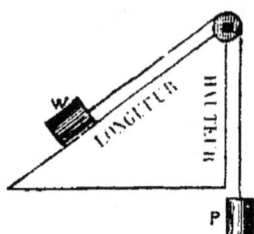

Fig. 3.

duite, il est évident que P a descendu une distance verticale égale à la longueur du plan tandis que d'autre part W ne s'est élevé que d'une hauteur verticale égale à la hauteur du plan. Par conséquent pour conserver le principe des vitesses virtuelles, P multiplié par la hauteur de chute doit égaler W multiplié par l'espace dont il s'est élevé, ou enfin,

$$P \times \text{Longueur du plan} = W \times \text{Hauteur du plan}.$$

$$\text{ou } \frac{P}{W} = \frac{\text{Hauteur.}}{\text{Longueur.}}$$

46. *Effets du frottement.* — Les deux exemples que nous venons de citer suffisent pour permettre à nos lecteurs d'apercevoir le véritable rôle d'une machine et ils sont bien certainement tout disposés à reconnaître qu'aucune machine ne rendra plus d'énergie qu'on n'en a dépensé sur elle. Mais comment expliquerons-nous qu'elle en donne moins? En réalité

chacun sait que cet effet se produit constamment.
Nous avons supposé que notre machine n'éprouvait
pas de frottement. Or, aucune machine ne présente
ce caractère, et par suite le produit dont on peut tirer
profit est plus ou moins diminué par ce désavantage.
Si nous ne pouvons voir clairement le rôle réel joué
par le frottement, il nous est impossible de prouver
la conservation de l'énergie. Nous comprenons bien
que l'énergie ne peut être créée mais nous ne sommes
pas aussi sûrs qu'elle ne puisse pas être détruite.
Notre pratique journalière semble nous fournir en
apparence des motifs pour croire qu'elle est détruite.
Si la théorie de la conservation de l'énergie est vraie,
en d'autres termes, si l'énergie de quelque façon qu'on
l'envisage, est indestructible, il sera prouvé que le
frottement ne détruit pas l'énergie, mais qu'il la convertit simplement en une forme quelconque, moins
apparente et peut-être moins utile.

47. Il faut donc nous préparer à étudier les effets
réels du frottement ainsi qu'à reconnaître l'énergie
sous une forme toute différente de celle qui est possédée par un corps en mouvement visible. Au frottement nous pouvons ajouter le choc comme agents
par lesquels l'énergie peut paraître détruite ; le cas
(Art. 39) d'un kilogramme projeté verticalement de
bas en haut nous a appris que ce poids finira par
atteindre le sol avec une énergie égale à celle avec
laquelle il était projeté. De même nous pourrons con-
duire plus loin notre expérience et nous demander ce

que devient son énergie après qu'il est venu frapper le sol et qu'il a pris un état de repos. Nous varierons la question en cherchant ce que devient l'énergie du coup de marteau du forgeron quand le marteau a frappé l'enclume, ou celle du boulet de canon après qu'il a touché le but, ou enfin celle du train de chemin de fer après qu'il a été arrêté par le frottement du frein. Dans tous ces exemples, le choc ou le frottement semblent avoir détruit l'énergie visible. Mais avant de nous prononcer sur cette destruction apparente, cherchons si rien d'analogue n'apparaît pas à ce même moment. L'énergie ressemble peut-être à ces magiciens orientaux qui possédaient le pouvoir de prendre une infinité de formes mais qui étaient toujours très-soigneux de ne point disparaître complètement.

48. *Quand le Mouvement est détruit la Chaleur apparaît.* — Pour répondre à la question que nous nous sommes posée, nous affirmerons en toute confiance que dans tous les cas où l'énergie visible semble détruite par le choc ou par le frottement, quelque chose de nouveau fait son apparition. Ce quelque chose, c'est la chaleur. C'est ainsi qu'un morceau de plomb déposé sur une enclume sera violemment échauffé sous les coups successifs du marteau du forgeron. Le choc de l'acier contre le silex produira de la chaleur et un boulet animé d'un mouvement rapide, frappant contre une cible de fer, pourra atteindre la température du rouge. Relativement au frottement, nous savons que, par une nuit obscure, on aperçoit des étincelles

jaillir des roues sur lesquelles appuie le frein qui arrête un convoi de chemin de fer et que les axes des
roues de wagons deviennent très-chauds au point
d'occasionner des accidents si on ne les graisse pas
suffisamment. L'écolier frotte contre son pupitre un
bouton de métal et éprouve un vif plaisir à l'appliquer
sur la main de son camarade ; mais lorsqu'il a l'idée
de faire subir le même traitement à sa propre main,
il trouve le bouton extraordinairement chaud.

49. *La Chaleur est une variété de Mouvement.* — L'apparition de la chaleur par le frottement ou par le choc
fut longtemps considérée comme inexplicable parce
qu'on croyait que la chaleur était une matière et il
était difficile de comprendre d'où elle provenait. Les
partisans de cette hypothèse prirent le parti de supposer que, dans ces occasions, la chaleur pouvait être
tirée des corps voisins, de sorte que le calorique, nom
donné à la substance imaginaire de la chaleur, en était
arraché par le frottement ou par le choc. Mais bien des
savants ne considérèrent pas cette hypothèse comme
une explication, même avant l'époque où Humphry
Davy, vers la fin du siècle dernier, démontra clairement qu'elle était insoutenable.

50. L'expérience de Davy consistait à frotter l'un
contre l'autre deux morceaux de glace jusqu'à ce que
tous deux fussent presque entièrement fondus. Il fit
varier les conditions de ses expériences de façon à
montrer que la chaleur produite dans ce cas ne pouvait pas provenir des corps voisins.

51. Arrêtons-nous un instant et considérons l'alternative à laquelle nous sommes amenés par cette expérience. Si nous voulons encore regarder la chaleur comme une substance, puisque cette chaleur n'a point été prise aux corps environnants, elle doit nécessairement avoir été créée par le frottement. Si au contraire nous la regardons comme une variété de mouvement, le phénomène se simplifie, car l'énergie du mouvement visible ayant disparu dans le frottement, nous sommes en droit de supposer qu'elle a été transformée en une sorte de mouvement moléculaire que nous appelons chaleur. Telle est la conclusion à laquelle arriva Davy.

52. A peu près à la même époque, un autre savant exécuta une expérience du même genre. Rumford assistant au forage d'un canon à l'arsenal de Munich, fut vivement frappé par l'énorme dégagement de chaleur produit pendant cette opération. La source de chaleur lui parut absolument inépuisable, et comme il se refusait à y voir la création d'une matière spéciale, il en arriva, comme Davy, à l'attribuer au mouvement.

53. Admettons que la chaleur soit une espèce de mouvement; il nous reste maintenant à essayer de comprendre quel est ce genre de mouvement, et en quoi il diffère du mouvement visible ordinaire. Imaginons pour cela un wagon plein de voyageurs, courant avec une vitesse considérable; les personnes qui l'occupent seront parfaitement à leur aise, parce que,

bien qu'elles soient animées d'un mouvement très-rapide, elles se meuvent toutes avec la même vitesse et dans la même direction. Que le train vienne à s'arrêter brusquement, il en résultera un désastre qui mettra un terme immédiat à la tranquillité des voyageurs. En supposant que le wagon ne soit point brisé et ses occupants tués, ceux-ci se trouveront dans un violent état d'excitation, ceux qui font face à la machine seront projetés avec force contre leurs voisins, lesquels à leur tour les repousseront violemment, car dans la déroute générale on suivra la doctrine du chacun pour soi. Or il nous suffira de substituer des particules aux personnes, et nous aurons une idée de ce qui arrive lorsque le choc est transformé en chaleur. Nous avons, ou nous supposons que nous avons, dans cet acte, la même collision violente d'atomes. A est projeté avec la même force contre B et rejeté par lui ; il s'effectue une lutte, une confusion, une excitation du même genre. La seule différence c'est que des particules s'échauffent, et non plus des êtres humains.

54. Nous sommes forcés de reconnaître que la preuve que nous venons de donner n'est pas directe. En effet, dans notre premier chapitre, nous avons expliqué l'impossibilité dans laquelle nous nous trouvons de voir jamais ces particules isolées et d'observer leurs mouvements. Nous ne pouvons donc prouver directement que la chaleur est constituée par des mouvements de ce genre; il ne nous est pas possible de les voir, et pourtant, comme nous sommes doués de raison,

nous nous sentons sûrs que notre conjecture est exacte. Il ne nous reste donc que deux alternatives à adopter dans notre argumentation : ou bien la chaleur consiste en un mouvement de particules, ou bien lorsque le choc ou le frottement sont convertis en chaleur, il se crée une substance particulière appelée calorique ; si la chaleur n'est pas une espèce de mouvement elle doit être nécessairement une espèce de matière.

55. Il serait pourtant désirable de répondre à un adversaire disposé à admettre la création d'une matière pour expliquer la chaleur. A cet adversaire nous répondrions que d'innombrables expériences prouvent qu'un corps chaud n'est pas sensiblement plus lourd qu'un corps froid, de telle sorte que si la chaleur est une sorte de matière, cette matière n'est point sujette aux lois de la pesanteur. Si nous brûlons du fil de fer dans de l'oxygène, nous sommes en droit de dire que l'oxygène se combine avec le fer parce que nous savons que le produit formé est plus lourd que le fer primitivement employé justement de la quantité de poids que le gaz a perdu. Mais il n'existe aucune preuve établissant que pendant la combustion le fer s'est combiné à une substance appelée calorique et cette absence de preuve suffit pour nous autoriser à considérer la chaleur comme une espèce de mouvement plutôt que comme une espèce de matière.

56. *La chaleur est un mouvement d'avant en arrière et d'arrière en avant.* — Il est presque inutile de faire observer que la chaleur doit être une sorte de mouve-

ment d'avant en arrière et d'arrière en avant, car il est bien clair qu'une substance échauffée n'est pas animée d'un mouvement d'ensemble, et que si on la dépose sur une table elle ne s'agitera ni dans un sens ni dans un autre. Les mathématiciens expliquent cette particularité en disant que bien qu'il existe un violent mouvement interne entre les particules, le centre de gravité de la substance reste en repos, et comme, dans la plupart des applications, nous supposons qu'un corps agit comme s'il était concentré à son centre de gravité, nous sommes en droit de dire que le corps est en repos.

57. Avant d'aller plus loin, empruntons un exemple à cette branche de la physique qui traite de l'acoustique. Imaginons qu'un homme soit exactement équilibré dans le plateau d'une balance, et qu'un peu d'eau entre dans son oreille ; il deviendra évidemment plus lourd et une balance suffisamment délicate accusera la différence de poids. Mais supposons qu'un son ou un bruit entre dans son oreille, cet homme sera en droit d'affirmer que quelque chose est entré en lui, mais cependant ce quelque chose n'est pas une matière et l'équilibre ne sera pas dérangé. Or une personne dans l'oreille de laquelle un son a pénétré peut se comparer à une substance où la chaleur a pénétré ; un corps échauffé est, à beaucoup de titres, semblable à un corps qui résonne, et comme les particules de celui-ci se meuvent d'arrière en avant et d'avant en arrière, on admettra que les particules du corps échauffé font

de même. Nous retrouverons du reste (Art. 162 , une autre occasion d'appuyer encore sur cette ressemblance.

58. *Équivalent mécanique de la chaleur*. — Nous en sommes donc arrivés à conclure que lorsqu'un corps pesant, par exemple un poids de un kilogramme, frappe le sol, l'énergie visible de ce kilogramme est transformée en chaleur ; maintenant que nous avons établi le fait d'une relation entre ces deux formes d'énergie, nous nous occuperons immédiatement d'étudier suivant quelle loi l'effet calorifique dépend de la hauteur de chute. Admettons que nous laissions tomber un kilogramme d'eau d'une hauteur de 848 mètres et que nous ayons la faculté de confiner et de retenir dans ses propres particules tout l'effet calorifique produit ; nous supposerons que sa descente s'accomplit en deux périodes : que d'abord il tombe sur une plate-forme d'une hauteur de 424 mètres, que par suite il s'échauffe, puis qu'on laisse de nouveau la masse chauffée retomber de 424 autres mètres. Il est clair que l'eau sera maintenant doublement échauffée ou, en d'autres termes, le pouvoir calorifique en un pareil cas sera proportionnel à la hauteur suivant laquelle le corps tombe, c'est-à-dire sera proportionnel à l'énergie actuelle que possède le corps avant que le choc ait transformé celle-ci en chaleur. De même que l'énergie actuelle, représentée par une chute d'une certaine hauteur, est proportionnelle à la hauteur, de même le pouvoir calorifique ou énergie

moléculaire en lequel s'est changée l'énergie actuelle
est proportionnel à la hauteur. Maintenant que ce
point est établi, nous désirons savoir de combien de
mètres doit tomber 1 kilogramme d'eau afin de s'é-
chauffer de 1 degré centigrade.

59. C'est à M. Joule, de Manchester, que nous
sommes redevables d'une détermination précise de
ce point important. Ce savant, plus peut-être que
tout autre, a placé la science de l'énergie sur une base
solide ; il a exécuté de nombreuses expériences dans
le but d'arriver au rapport exact existant entre l'énergie mécanique et la chaleur, c'est-à-dire pour déterminer l'équivalent mécanique de la chaleur. Dans
quelques-unes des plus importantes il s'est servi avec
avantage du frottement des fluides.

60. Ces expériences furent conduites de la manière
suivante. Un certain poids fixe était attaché à une

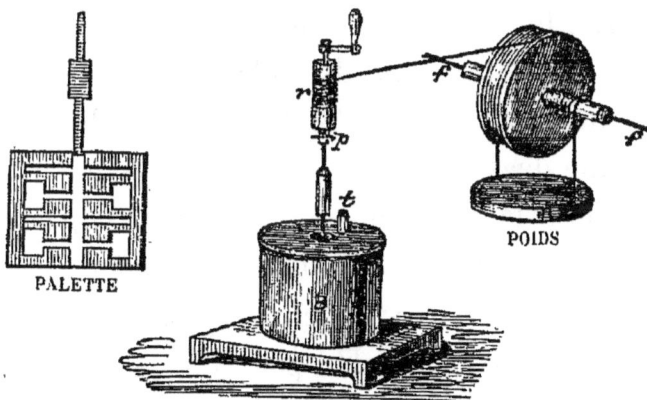

Fig. 4. — Expérience de Joule.

poulie comme on le voit fig. 4. Le poids tendait évidemment à descendre et par suite à faire tourner la

poulie. Cette poulie avait son axe supporté en *ff* par des roues qui diminuaient de beaucoup le frottement causé par le mouvement de la poulie. Une corde passant autour de la poulie s'enroulait en *r* de sorte que, lorsque le poids descendait, la poulie tournait et, par conséquent, faisait tourner très-rapidement *r*. Or, l'axe *r* pénétrait dans l'intérieur de la caisse B et correspondait à un système de palettes dont on voit un croquis sur la figure. Il y avait, en outre, quatre pièces adaptées d'une façon fixe à la caisse et s'emboîtant exactement dans les portions à jour de la palette. On remplissait la caisse avec un liquide, la palette tournait et obligeait le liquide à se heurter contre les pièces fixes, lesquelles à leur tour empêchaient le liquide de suivre le mouvement de la palette. Pendant cette expérience, on faisait descendre le poids d'une certaine hauteur exactement mesurée ; la palette se mettait en marche et on se servait ainsi de l'énergie du poids descendant pour échauffer l'eau contenue dans la caisse B. Aussitôt que le poids était au terme de sa course, on détachait une petite clavette *p*, et on le remontait sans faire agir la palette contenue dans B ; on accumulait ainsi l'effet calorifique d'un certain nombre de chutes jusqu'à ce qu'il fût devenu assez considérable pour être susceptible d'être exactement évalué à l'aide d'un thermomètre. N'oublions pas de mentionner qu'on avait grand soin, non-seulement de réduire le frottement des axes de la poulie, mais aussi d'estimer ce frottement et de corriger ses effets de la façon la plus exacte possible. En résumé, toutes les précautions étaient prises pour le succès de l'expérience.

61. M. Joule exécuta d'autres expériences dans l'une desquelles on faisait tourner un disque contre un autre disque de fonte qui le pressait, et tout le système était plongé dans un récipient en fonte rempli de mercure. M. Joule conclut de ces expériences que la quantité de chaleur produite par le frottement, s'il nous est possible de la conserver et de la mesurer exactement, est toujours proportionnelle à la quantité de travail dépensée. Il exprima cette proportion en donnant le nombre d'unités de travail, en kilogrammètres, nécessaires pour élever de 1° C. la température de 1 kilogramme d'eau. Dans ces dernières expériences, les plus précises, il obtint le nombre 424. On en peut conclure que si on laisse tomber 1 kilogramme d'eau d'une hauteur de 424 mètres et si on arrête brusquement son mouvement, il s'engendrera assez de chaleur pour élever de 1° C. la température de l'eau.

62. En prenant le kilogrammètre comme unité de travail et la chaleur nécessaire pour élever de 1° C. un kilogramme d'eau comme unité de chaleur, on exprimera cette proportion en disant qu'une unité de chaleur est égale à 424 unités de travail. On désigne fréquemment ce nombre sous le nom d'équivalent mécanique de la chaleur et dans les formules mathématiques on le représente par la lettre J, initiale du nom de M. Joule.

63. Nous avons maintenant établi la relation exacte existant entre l'énergie mécanique et la chaleur, mais avant d'aller plus loin dans notre étude des preuves des grandes lois de la conservation, nous allons nous efforcer de familiariser nos lecteurs avec les autres variétés d'énergie. Il nous est, en effet, nécessaire de bien pénétrer les divers déguisements que prend notre magicien avant de prétendre expliquer les principes qui le poussent à ses transformations.

CHAPITRE III

64. Dans le chapitre qui précède, nous avons présenté à nos lecteurs deux variétés d'énergie, l'une visible, l'autre invisible ou moléculaire ; il nous faut maintenant en rechercher d'autres variétés sur tout le champ de la science physique. Il est bon de se rappeler que toute énergie est de deux sortes : de position et de mouvement actuel ; cette distinction est aussi vraie pour l'énergie moléculaire invisible que pour celle qui est visible. L'énergie de position implique un corps dans une position avantageuse relativement à une force quelconque et cette observation nous autorise à commencer nos recherches par l'investigation des diverses forces de la nature.

65. *Gravitation.* — La plus générale et peut-être même la plus importante de ces forces est la gravita-

tion. On peut énoncer de la façon suivante la loi d'action de cette force : chaque particule de l'univers attire chaque autre particule avec une force qui dépend de la masse de la particule attirante et de celle de la particule attirée et qui varie en raison inverse du carré de la distance comprise entre les deux.

En effet, plaçons une particule ou un système de particules dont la masse est l'unité, à une distance égale à l'unité d'une autre particule ou système de particules dont la masse est aussi l'unité; il y aura une attraction mutuelle que nous considérons comme égale à l'unité. Supposons maintenant que nous ayons d'un côté deux systèmes de ce genre possédant une masse représentée par 2, et de l'autre le même système que tout à l'heure avec une masse représentée par l'unité, et que cependant la distance qui les sépare demeure fixe. Il est clair que le système double attirera le système simple avec une force double. Admettons que la masse des deux systèmes soit doublée, la distance restant toujours la même, nous aurons une force quadruple car chaque unité d'un système attirera chaque unité de l'autre. De même, si la masse d'un système est 2, celle de l'autre 3, la force sera 6. Appelons par exemple A_1, A_2, les éléments d'un système, A_3, A_4 et A_5 les éléments de l'autre, A_1 sera poussé vers A_3, A_4 et A_2 avec une force triple, A_5 le sera vers A_3, A_4 et A_5 avec une force triple, le total sera donc une force égale à 6.

Si, les masses restant les mêmes, on double la dis-

tance qui les sépare, la force deviendra quatre fois
moindre ; en triplant cette distance, la force deviendra
quadruple, et ainsi de suite.

66. On peut considérer la gravitation comme étant
une force très-faible capable d'agir à distance, ou du
moins elle semble posséder ce caractère. Il faut la masse
tout entière de la terre pour produire la force avec laquelle nous sommes si familiers à sa surface, et la présence d'une grande masse de rochers ou d'une mon-
tagne ne cause aucune différence appréciable dans le
poids d'une substance quelconque. C'est la gravitation
de la terre, évidemment diminuée par la distance, qui
agit sur la lune et celle du soleil qui influence de la
même façon la terre ainsi que les diverses autres planètes de notre système.

67. *Forces élastiques*. — Les forces élastiques, bien
que très-différentes de la pesanteur dans leur mode
d'action, sont cependant dues à des arrangements visibles de la matière : ainsi quand on bande un arc, il se
manifeste un changement visible dans cette arme qui
résiste à notre effort et tend à reprendre sa position
primitive. Il faut donc réellement et visiblement de
l'énergie pour bander un arc tout comme pour élever
un poids au-dessus de la terre, et l'élasticité est une
variété de force aussi réelle que la pesanteur. Nous
n'essaierons pas de discuter ici les différentes façons
dont peut agir cette force ou dont une substance solide
élastique résistera aux tentatives faites pour la défor-
mer, mais dans tous les cas, il est bien évident qu'on

doit dépenser du travail sur le corps et qu'on ren-
contrera et qu'on devra vaincre la force de l'élasticité avant qu'aucune déformation sensible puisse
s'effectuer.

68. *Force de cohésion.* — Abandonnons les forces qui
animent de grandes masses de matière et étudions
celles qui subsistent entre les petites particules dont
ces grandes masses sont composées. Nous dirons
d'abord quelques mots des molécules et des atomes et
nous parlerons de la distinction qu'il convient d'établir entre les unes et les autres bien que nous soyons
absolument incapables de les apercevoir individuellement.

Dans notre premier chapitre (Art. 7), nous avons
supposé la subdivision continuelle d'un grain de sable
jusqu'à ce que nous arrivions à la plus petite entité
retenant toutes les propriétés du sable ; nous lui
avons donné le nom de molécule ; rien de plus petit
ne peut être appelé sable. Si nous poursuivons cette
subdivision, la molécule de sable se sépare en ses éléments chimiques c'est-à-dire en silicium et en oxygène.
Nous arrivons ainsi aux plus petits corps susceptibles
de porter le nom, l'un d'oxygène, l'autre de silicium,
et comme nous regardons ces éléments comme des
corps simples, nous n'avons aucune raison de penser
qu'ils puissent encore se subdiviser. On appelle atomes ces constituants de la molécule de silice et nous
disons que la molécule de sable est divisible en atomes de silice et d'oxygène. Nous avons en outre de

puissants motifs pour croire que ces molécules et que ces atomes existent réellement, mais il nous est, pour le moment, impossible d'entrer dans les arguments relatifs à leur existence : c'est pourquoi nous prierons nos lecteurs de vouloir bien admettre celle-ci comme démontrée.

69. Considérons deux molécules de sable : lorsqu'elles sont très-rapprochées, elles exercent une très-forte attraction l'une sur l'autre. C'est en réalité cette attraction qui rend si difficile à briser une particule cristalline de sable ou un fragment de cristal de roche, mais elle ne s'exerce que lorsque les molécules sont assez rapprochées pour former une structure cristalline homogène. Si en effet nous augmentons légèrement la distance qui les sépare, nous trouvons que l'attraction s'évanouit complétement. C'est ainsi qu'il n'y a que peu ou pas d'attraction entre les différents grains d'une poignée de sable même quand on la comprime violemment. L'intégrité d'un morceau de verre est due à l'attraction s'exerçant entre les molécules, mais que celles-ci soient séparés par une simple soufflure et nous trouvons que cette augmentation si minime dans la distance diminue de beaucoup l'attraction entre les particules; le verre se brisera sous le moindre effort. Ces exemples suffisent pour montrer que l'attraction moléculaire ou cohésion, comme on la nomme, est une force qui agit avec une puissance considérable à une certaine distance très-petite, mais qui s'évanouit entièrement dès

que cette distance devient perceptible. C'est dans les
solides que la cohésion est la plus forte ; dans les
liquides elle est très-faible et elle disparaît complètement dans les gaz. Les molécules de gaz sont en
réalité tellement éloignées qu'elles n'exercent les unes
sur les autres que peu ou point d'attraction. Le fait a
été démontré par le Dr Joule dont nous avons déjà
cité le nom.

70. *Force de l'affinité chimique.* — Considérons à
présent les forces agissant entre les atomes. Elles ont
le caractère d'être plus puissantes que celles qui agissent entre les molécules, mais elles disparaissent encore
plus rapidement quand on augmente la distance. Ainsi
prenons du carbone et de l'oxygène, substances très-
disposées à se combiner mutuellement pour former
de l'acide carbonique aussitôt qu'elles ont la liberté
de le faire. Dans ce cas, chaque atome de carbone
s'unira à deux d'oxygène et le résultat différera com-
plétément de l'un et de l'autre. Pourtant, dans les circonstances ordinaires, le carbone ou la houille qui
est du carbone, restera inaltéré en présence de
l'oxygène ou de l'air atmosphérique contenant de
l'oxygène. Ces éléments n'auront aucune tendance à
se combiner parce que, bien que les particules d'oxygène semblent être en contact immédiat avec celles
de carbone, elles ne sont pas encore suffisamment
voisines pour permettre à l'affinité chimique d'agir
avec avantage. Mais lorsque la distance devient suffisamment petite, l'affinité chimique commence à

agir. Nous avons le phénomène si familier de la
combustion dont la conséquence est l'union chimique
du carbone ou de la houille avec l'oxygène de l'air et
dont le résultat est de l'acide carbonique. L'affinité
chimique est donc une force très-puissante agissant à
une distance excessivement petite, et elle représente
l'attraction qui s'exerce entre les atomes de différents
corps en opposition avec la cohésion qui est l'attraction entre les molécules du même corps.

71. Si nous regardons la gravitation comme représentant des forces qui agissent ou semblent agir à distance, nous considérons la cohésion et l'affinité chimique comme représentant des forces qui, bien que
très-puissantes, n'agissent ou ne semblent agir qu'à
travers un intervalle très-petit. Une simple réflexion
nous fera comprendre combien il y aurait pour nous
d'inconvénients si la gravitation diminuait rapidement avec la distance, car en supposant que la force
qui nous retient à la surface de la terre existât toujours, celle qui retient la lune pourrait complétement
s'évanouir, ainsi que celle qui rattache la terre au
soleil ; or les conséquences n'en seraient rien moins
qu'agréables. Si, d'autre part, l'affinité chimique existait à toutes les distances, si par exemple le charbon
pouvait se combiner à l'oxygène sans qu'il fût nécessaire d'employer de la chaleur, la valeur de ce combustible pour l'humanité serait diminuée de beaucoup
et le progrès de l'industrie humaine serait matérielle-
ment arrêté.

72. *Remarques sur les forces moléculaires et atomiques.*
— Il est important de nous rappeler que nous devons
traiter la cohésion et l'affinité chimique absolument
comme nous avons traité la pesanteur ; de même
que nous avons de l'énergie de position relativement
à la pesanteur, nous pouvons avoir une sorte d'énergie de position se rapportant à la cohésion et à l'affinité chimique. Etudions d'abord la cohésion.

73. Nous avons jusqu'à présent considéré la chaleur
comme un mouvement particulier des molécules
de matières n'offrant aucun rapport avec la force
qui agit sur ces molécules. Or on sait qu'en général,
les corps se dilatent quand on les chauffe de sorte
qu'en vertu de cette expansion, les molécules d'un
corps sont éloignées violemment les unes des autres
en opposition avec la force de cohésion. Un travail
a donc été accompli contre cette force, tout comme,
lorsque nous soulevons de terre un kilogramme,
on a accompli un travail contre la force de la pesanteur. Quand nous chauffons une substance, nous
sommes donc autorisés à supposer que la chaleur
joue un double rôle : une portion va accroître les
mouvements actuels des molécules, une autre sépare
des molécules l'une de l'autre contre la force de
cohésion. Ainsi, si je fais tourner horizontalement
un poids attaché à ma main par un fil élastique
de caoutchouc, mon énergie se dépensera de deux
façons : en premier lieu, elle communiquera une
vitesse au poids, en second lieu elle étendra le fil de

caoutchouc à cause du phénomène de la force centrifuge. Il s'accomplira du travail en opposition avec la force élastique du fil et on en dépensera en augmentant le mouvement du poids.

Il se passe probablement un phénomène de ce genre quand on chauffe un corps. Nous pouvons, en effet, supposer que la chaleur consiste en un mouvement vertical ou circulaire dont la tendance serait de séparer l'une de l'autre les molécules en opposition à la force de cohésion. Une portion de l'énergie calorifique se dépensera donc à augmenter le mouvement, une autre à séparer les particules. Nous admettrons que dans la plupart des cas, la plus grande part de l'énergie calorifique va augmenter le mouvement moléculaire plutôt qu'elle n'effectue du travail contre la force de cohésion.

74. Cependant, dans certaines circonstances, il est probable que la majeure partie de la chaleur appliquée, loin d'accroître les mouvements des molécules, se dépense à accomplir du travail contre les forces moléculaires.

Ainsi quand un corps solide se fond ou lorsqu'un liquide devient gazeux, il se dépense pendant ce .phénomène une quantité considérable de chaleur qui ne devient pas sensible ou en d'autres termes qui n'affecte pas le thermomètre. Pour fondre un kilogramme de glace, il faut une quantité de chaleur égale à celle qui est suffisante pour élever un kilogramme d'eau à 80° C. et cependant, quand elle est fondue, l'eau n'est pas plus chaude que la glace. Nous exprimons ce fait

en disant que la chaleur latente de l'eau est 80. Réciproquement, si un kilogramme d'eau à 100° est converti entièrement en vapeur, il faut autant de chaleur
que pour élever l'eau de 537° C., ou bien porter 537 kilogrammes d'eau à 1° et pourtant la vapeur n'est pas
plus chaude que l'eau. Nous exprimons ce fait en disant que la chaleur latente de la vapeur d'eau est 537.
Dans ces deux cas, il est extrêmement probable qu'une
portion considérable de la chaleur est dépensée à accomplir du travail contre la force de cohésion; plus
particulièrement quand un fluide est transformé en gaz,
nous savons que les molécules sont tellement écartées
les unes des autres qu'elles perdent absolument toute
trace de force mutuelle. Nous déduirons de cette remarque une conséquence : bien que, dans la plupart des
cas, la majeure partie de la chaleur appliquée à un corps
soit dépensée à accroître son mouvement moléculaire,
et une petite partie seulement à accomplir du travail
contre la cohésion, cependant quand un solide se fond
ou qu'un liquide se vaporise, une grande portion de la
chaleur requise est certainement dépensée à accomplir
du travail en opposition avec les forces moléculaires.
Mais l'énergie, quoique dépensée, n'est pas perdue;
en effet, lorsque le liquide se congèle de nouveau ou
que la vapeur se condense, cette énergie est immédiatement transformée en chaleur sensible tout comme
lorsqu'on laisse tomber une pierre du sommet d'une
maison, son énergie de position se change en énergie actuelle.

75. Un seul exemple suffira pour donner à nos lecteurs une idée de la puissance des forces moléculaires. Si on prend une barre de fer dont la température dépasse de 10° celle du milieu environnant et qu'on la fixe solidement à ses extrémités, elle rapprochera celles-ci avec une force énorme. Les architectes se servent de cette puissance pour ramener à la verticale des édifices menaçant de s'écrouler ; ils les traversent par des barres de fer assujetties ensuite à chaud dans les murailles ; en refroidissant, elles se contractent et les murailles sont rapprochées.

76. Considérons les forces atomiques, c'est-à-dire celles qui conduisent à une union chimique et étudions l'influence de la chaleur sur elles. Nous avons vu que la chaleur produit une séparation entre les molécules d'un corps, c'est-à-dire augmente la distance entre deux molécules contiguës, mais faut-il supposer que, pendant ce temps, les molécules n'éprouvent aucune altération ?

La tendance de la chaleur à causer une séparation ne se borne pas à accroître l'intervalle entre les molécules, elle agit aussi pour augmenter la distance comprise entre les parties d'une même molécule ; son énergie se dépense à séparer l'un de l'autre les divers atomes constituants contre la force de l'affinité chimique et à séparer les molécules contre la force de cohésion, de manière qu'à une température très-élevée, il est probable que la plupart des composés chimiques seraient décomposés. D'ailleurs, beaucoup le sont même à une température très-modérée.

Ainsi l'attraction entre l'oxygène et l'argent est si faible qu'à une température relativement basse l'oxyde d'argent est décomposé. De même le calcaire ou carbonate de chaux est décomposé quand on le soumet à la cuisson dans un four à chaux; l'acide carbonique se dégage et il reste de la chaux vive. En séparant des atomes hétérogènes contre l'action de la force puissante de l'affinité chimique, on accomplit aussi sûrement du travail qu'en isolant les unes des autres des molécules contre la force de cohésion ou en soulevant de terre une pierre contre la force de la pesanteur.

77. Nous savons que la chaleur exerce très-fréquemment son influence pour effectuer cette séparation et qu'elle dépense ainsi de l'énergie ; mais d'autres agents énergiques, aussi bien que la chaleur, produisent la décomposition chimique. Certains rayons du soleil réduisent l'acide carbonique en carbone et en oxygène dans les feuilles des plantes et ils dépensent leur énergie à cette œuvre ; ils séparent deux substances douées d'une puissante attraction mutuelle contre l'affinité réciproque qu'elles possèdent. Le courant électrique est capable de séparer certaines substances, et, évidemment, il dépense alors son énergie.

78. Nous faisons allusion à cette séparation chimique quand nous parlons du charbon comme d'une source d'énergie. Le charbon ou carbone possède une grande attraction pour l'oxygène, et toutes les fois qu'on fait intervenir la chaleur, ces deux corps s'unis-

sent. L'oxygène, tel qu'il existe dans l'atmosphère, est le patrimoine commun de l'humanité, et si, outre ce gaz, quelques-uns de nous possèdent de la houille dans leurs caves ou dans les galeries de leurs mines, nous serons assurés d'une provision d'énergie de position dont nous pourrons faire un usage plus facile que d'un étang, car elle sera susceptible d'être transportée partout où nous le voudrons. La houille elle-même ne constitue pas la source de l'énergie, celle-ci est due à ce que nous possédons de la houille ou du charbon, d'une part, et de l'oxygène, de l'autre, et que nous avons les moyens de les faire se combiner partout où nous le désirons. S'il n'y avait point d'oxygène dans l'air, le charbon n'aurait par lui-même aucune valeur.

79. *Électricité ; ses propriétés.* — Nos lecteurs sont maintenant renseignés sur la force de cohésion qui existe entre les molécules du même corps et sur l'affinité chimique existant entre les atomes de corps différents. L'hétérogénéité est un élément essentiel de cette dernière force, et il doit exister une différence quelconque pour qu'elle puisse apparaître; or ses apparitions sont fréquemment caractérisées par des phénomènes très-extraordinaires et très-intéressants. Nous voulons parler de cette manifestation provenant des forces de corps hétérogènes que nous nommons électricité. Avant d'aller plus loin, il est bon de donner un rapide aperçu du mode d'action de cet agent si mystérieux et si intéressant.

80. La science de l'électricité est d'origine très-an-

cienne mais elle eut d'humbles débuts. Pendant deux
mille ans, elle ne fit que de très-faibles progrès, pour
devenir ensuite, en un peu plus d'un siècle, le géant
que nous connaissons aujourd'hui. Les anciens Grecs
savaient que l'ambre frotté avec de la soie possède la
propriété d'attirer les corps légers, et Gilbert, il y a
environ trois cents ans, montra qu'un grand nombre
d'autres corps tels que le soufre, la cire à cacheter
et le verre, jouissaient des mêmes propriétés que
l'ambre.

Par suite des progrès de la science, on finit par reconnaître que certaines substances sont susceptibles
de transporter en la faisant disparaître l'influence particulière produite, tandis que d'autres sont incapables
de le faire. On nomme les premières conductrices de
l'électricité et les secondes non-conductrices ou iso-
lantes. Afin de rendre la distinction bien apparente,
prenons une baguette métallique fixée à une tige de
verre et frottons le verre avec un morceau de soie en
prenant bien soin que la soie et le verre soient chauds
et secs. Nous trouverons que le verre a acquis la propriété d'attirer de petits fragments de papier ou de
moelle de sureau, mais seulement aux points frottés
car l'influence particulière acquise par ce verre n'a
point été capable de s'étendre sur toute sa surface.

Si, prenant la tige de verre à la main, nous frottons
la tige métallique, nous produirons peut-être la même
propriété dans le métal mais elle s'étendra partout et ne
se trouvera pas seulement sur la partie frottée. Le métal

est donc conducteur tandis que le verre est isolant
c'est-à-dire non-conducteur de l'électricité.

81. Nous remarquerons ensuite que cette influence
est de deux genres. Pour le prouver, exécutons l'expérience suivante. Suspen-
dons une petite balle de
moëlle de sureau par un fil
de soie très-fin comme on le
voit sur la Fig. 5. Frottons
une baguette de verre chaud
et sec et touchons-en la balle.
Cette balle, après avoir été
touchée, sera repoussée par
le verre. Excitons maintenant d'une manière sem-

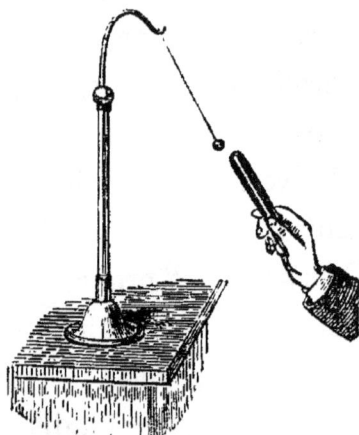

Fig. 5.

blable un bâton de cire à cacheter au moyen d'un morceau de flanelle sèche et chaude. En approchant ce
bâton il attirera la balle qui dès lors sera repoussée par
le verre. On montrerait de même qu'une balle de moëlle,
touchée d'abord par de la cire à cacheter excitée, sera
ensuite repoussée par de la cire et attirée par du verre.

Un principe en résulte, c'est que les corps chargés
d'électricités semblables se repoussent.

De ce que la balle chargée de l'électricité provenant
du verre a été attirée par la cire à cacheter électrisée,
nous concluons que des corps chargés d'électricités
dissemblables s'attirent réciproquement. On donne
quelquefois à l'électricité du verre le nom d'électricité
vitrée et à celle de la cire le nom d'électricité rési-

neuse ; plus fréquemment, on appelle la première positive et la seconde négative en convenant toutefois que ces mots n'impliquent en rien l'idée que l'une de ces influences possède une nature positive et l'autre une nature négative; ces termes expriment simplement l'antagonisme apparent qui existe entre les deux sortes d'électricités.

82. Il est important de remarquer que toutes les fois qu'il se produit une espèce d'électricité, il s'en produit exactement autant de l'espèce différente. Ainsi dans le cas du verre excité par de la soie, nous avons de l'électricité positive développée sur le verre et précisément autant d'électricité négative développée sur la soie. En frottant de la cire avec de la flanelle, la cire est électrisée négativement et la flanelle positivement.

83. Ces faits ont donné naissance à la théorie de l'électricité ou du moins à une appréciation de sa nature qui, si elle n'est pas absolument correcte, semble grouper les divers phénomènes qui se manifestent. D'après cette hypothèse, on suppose qu'un corps neutre, non excité, contient une provision des deux électricités combinées mutuellement de telle sorte que lorsqu'un pareil corps vient à être excité, il s'opère une séparation. Les phénomènes que nous avons décrits sont dus par conséquent à cette séparation électrique et comme les deux électricités ont une grande affinité l'une pour l'autre, il faut tout aussi bien de l'énergie pour produire cette séparation que pour soulever de terre une pierre.

84. Il est bon de remarquer qu'il ne se fait de séparation électrique que lorsqu'on frotte l'un contre
l'autre des corps hétérogènes. En frottant de la flanelle
contre du verre nous obtenons de l'électricité, mais
nous n'en avons point si nous frottons de la flanelle
contre du verre recouvert de flanelle. En frottant de
la soie contre de la cire recouverte de soie ou enfin
deux portions de la même substance, il n'y a aucune
production d'électricité.

D'autre part une très-légère différence de texture
suffit quelquefois pour produire une séparation électrique. Ainsi en frottant longitudinalement deux morceaux d'un même ruban de soie il n'y a point d'électricité, mais si on les frotte transversalement, l'un est
électrisé positivement, l'autre négativement.

Cet élément d'hétérogénéité est d'une importance
si capitale dans le développement de l'électricité qu'il
nous amène à supposer qu'on peut probablement
regarder l'attraction électrique comme particulièrement alliée à la force de l'affinité chimique. Quoi
qu'il en soit, l'électricité et l'affinité chimique ne se
manifestent qu'entre des corps dissemblables à un
point de vue quelconque.

85. La liste suivante comprend divers corps rangés
d'après l'électricité qu'ils développent quand on les
frotte mutuellement ; chacun d'eux est électrisé positivement quand on le frotte avec l'une des substances
qui le suivent :

1. Peau de chat.	8. Résine.
2. Flanelle.	9. Métaux.
3. Ivoire.	10. Soufre.
4. Verre.	11. Caoutchouc.
5. Soie.	12. Gutta-percha.
6. Bois.	13. Coton-poudre.
7. Gomme laque.	

Ainsi en frottant de la résine avec une peau de chat ou avec de la flanelle, cette peau ou cette flanelle seront électrisées positivement et la résine négativement ; en frottant du verre avec de la soie, le verre sera électrisé positivement et la soie négativement.

86. Notre but n'est point de décrire ici en détail la machine électrique, cependant nous mentionnerons qu'elle se compose de deux parties, l'une destinée à engendrer de l'électricité au moyen du frottement d'un coussin contre un disque de verre, l'autre consistant en un système de cylindres de laiton présentant une surface considérable et supporté par des colonnes en verre afin de recueillir et de retenir l'électricité produite.

87. *Induction électrique.* — Supposons que nous avons mis en action une machine de ce genre et accumulé une quantité considérable d'électricité positive dans son cylindre A. Prenons deux cylindres B et C en laiton, supportés par des colonnes de verre ; ces deux cylindres sont en contact mais peuvent s'écarter l'un de l'autre en leur milieu, à l'endroit indiqué par

la ligne tracée sur la Fig. 6. Approchons de A l'ensemble B et C. Tout d'abord B et C ne sont pas électrisés, en d'autres termes leurs deux électricités ne

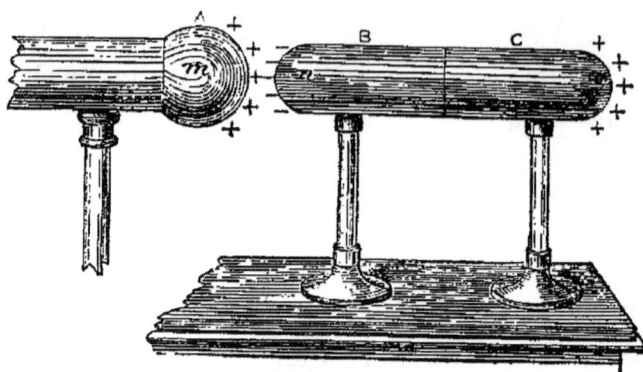

Fig. 6.

sont pas séparées mais elles sont mélangées. Cependant, à mesure qu'on se rapprochera de A, l'électricité
positive de A décomposera les deux électricités de B
et de C. elle attirera vers elle l'électricité négative et
repoussera la positive aussi loin que possible. Les
électricités seront donc disposées, comme on le voit
sur la figure. Si maintenant on écarte C de B, on aura
obtenu sur C une certaine quantité d'électricité positive à l'aide de celle qui était primitivement sur A ;
nous nous sommes servis de la provision primitive ou
de notre capital d'électricité contenu dans A pour
obtenir de l'électricité positive en C sans pour cela
diminuer la somme de notre capital primitif. Cette
action à distance ou cette aide rendue par l'électricité
primitive pour séparer celle de B et de C est appelée
induction électrique.

88. On peut exécuter l'expérience d'une manière

légèrement différente. Laissons B et C unis et pous-
sons-les à la fois et graduellement vers A. A mesure
que B et C s'approchent de A, la séparation de leurs
électricités augmente de plus en plus jusqu'à ce que
n'étant plus séparées que par une petite épaisseur
d'air, les deux électricités qui sont accumulées acquièrent une force suffisante pour franchir l'obstacle et
s'unir à l'aide d'une étincelle.

89. On se sert avantageusement du principe de
l'induction lorsqu'on veut obtenir l'accumulation
d'une grande quantité d'électricité. On emploie alors
très-fréquemment un instrument
nommé bouteille de Leyde. Il se compose d'un bocal en verre revêtu inté-
rieurement et extérieurement par une
feuille d'étain ainsi qu'on le voit Fig. 7.
Une tige de laiton terminée par une
boule de même métal est en contact
avec la feuille d'étain intérieure et

Fig. 7.

passe à travers un bouchon fermant l'ouverture du
bocal. Nous avons deux revêtements métalliques qui ne
sont pas électriquement reliés entre eux. Pour charger
cette bouteille, mettons le revêtement extérieur en
contact avec le sol au moyen d'une chaîne et faisons
passer de l'électricité positive en mettant le bouton de
la tige métallique en contact avec une machine électrique. L'électricité positive s'accumulera sur le revêtement intérieur en communication avec la tige; elle
décomposera les deux électricités du revêtement exté-

rieur, chassera dans le sol l'électricité positive qui s'y dissipera mais attirera à elle l'électricité négative. Ces deux électricités peuvent se comparer à deux armées ennemies se guettant mutuellement et pleines du désir d'en venir aux mains, mais séparées par un obstacle invincible. Elles resteraient ainsi, se faisant face, toujours à leur poste, et se renforçant toutes deux par l'arrivée de nouveaux renforts. Nous pouvons accumuler de même une quantité considérable des deux électricités sur les deux revêtements de la bouteille et celles-ci y resteront pendant très-longtemps, surtout si l'atmosphère environnante et la surface de la bouteille sont parfaitement sèches. Mais aussitôt qu'on aura créé une communication électrique entre les deux revêtements, les électricités se précipiteront l'une vers l'autre et s'uniront sous forme d'une étincelle ; si on se sert du corps humain pour établir la communication, le patient éprouvera un choc violent.

90. Il semblerait donc que lorsque deux corps chargés d'électricités opposées sont rapprochés, les deux électricités se précipitent l'une vers l'autre, constituent un courant, et le résultat final est une étincelle. Or cette étincelle implique de la chaleur, elle n'est véritablement qu'un ensemble de petites particules d'une matière quelconque portée à une chaleur intense. Nous avons en premier lieu la conversion de la séparation électrique en un courant d'électricité et, en second lieu, la conversion de ce courant en chaleur. Dans ce cas, le courant ne se prolonge que pendant un

temps très-court ; la décharge d'une bouteille de Leyde ne dure probablement pas plus de $\dfrac{1}{24,000}$ de seconde.

91. *Courant électrique.* — Dans d'autres cas, nous avons des courants électriques, moins puissants il est vrai que celui de la décharge d'une bouteille de Leyde, mais qui durent plus longtemps et sont continus au lieu d'être instantanés. Nous pouvons apercevoir une différence du même genre dans le cas de l'énergie visible. Ainsi, au moyen de poudre à canon nous pourrions en un instant soulever en l'air une énorme masse d'eau ou bien encore soulever au moyen d'un jet d'eau, la même masse pendant un temps assez long et d'une façon beaucoup plus calme. La même différence subsiste pour les décharges électriques et maintenant que nous avons parlé de la façon violente dont les deux électricités opposées se reconstituent par une explosion ou une étincelle, étudions le courant voltaïque si éminemment tranquille et effectif dans lequel les deux mêmes agents se réunissent d'une façon continue.

92. Notre objet n'est pas de donner une description complète, historique ou scientifique, d'une pile voltaïque ; une étude rapide suffira à nos lecteurs pour leur permettre de comprendre quels en sont l'arrangement et l'effet. Nous commencerons donc par décrire la pile de Grove qui est peut-être l'arrangement le plus efficace de tous ceux qu'on a disposés pour produire un courant électrique. Cette pile se compose

d'une série de vases reliés entre eux comme dans la
Fig. 8 qui représente une pile à trois compartiments.
Chaque compartiment se compose de deux récipients,
l'un extérieur en verre ou en terre cuite, l'autre intérieur en porcelaine non vernie et par conséquent
poreuse. Le vase
extérieur est rem-
pli d'acide sulfurique
étendu et contient,
plongée dans l'acide,
une plaque de zinc

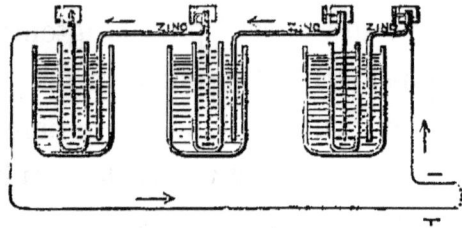

Fig. 8.

amalgamé, c'est-à-dire frotté avec du mercure. Dans le
vase intérieur poreux, nous verserons de l'acide nitri-
que pur et nous y plongerons une lame de platine électriquement reliée à la plaque de zinc du récipient suivant au moyen d'une vis. Les deux métaux doivent être
très-propres aux points où ils pressent l'un contre
l'autre, en d'autres termes ce sont les véritables sur-
faces métalliques qui doivent être en contact. Enfin un
fil de cuivre est métalliquement en communication avec
le platine du compartiment à main gauche et un fil
semblable avec le zinc du compartiment à main droite;
tous deux sont, excepté à leurs extrémités, recouverts
de gutta-percha ou de soie. Les extrémités libres de
ces fils sont les pôles de la pile.

93. Supposons que nous possédions une pile composée d'un grand nombre de compartiments de ce
genre et que tout l'appareil soit isolé par des supports
de verre ou en le maintenant d'une façon quelconque

en dehors du contact de la terre. Si, en employant les méthodes convenables, nous essayons l'extrémité du fil fixé à la lame de platine de gauche, nous trouverons qu'elle est chargée d'électricité positive tandis que l'extrémité de l'autre fil montre de l'électricité négative.

94. Si nous relions l'un à l'autre les deux pôles d'une pile, les deux électricités se réuniront; il y aura un courant électrique non pas instantané mais continu et, pendant un certain temps, un courant passera à travers les fils et même à travers tout l'appareil, y compris les divers compartiments. La direction du courant sera telle qu'on pourra supposer que l'électricité positive se rend du zinc au platine en traversant le liquide et inversement, toujours en suivant le fil du platine de gauche au zinc de droite. Cette direction est indiquée par les flèches tracées sur le dessin.

95. Ainsi nous avons deux points à considérer. D'abord, avant que les deux pôles n'aient été amenés en contact, ils sont chargés d'électricités opposées; secondement, aussitôt qu'ils ont été rapprochés, il se produit un courant continu d'électricité. Ce courant est un agent puissant; nous allons étudier ses diverses propriétés et les principaux effets qu'il est susceptible de produire.

96. *Effets magnétiques.* — Le courant peut dévier l'aiguille aimantée. Prenons une boussole et faisons circuler un courant d'électricité dans un fil placé près de l'aiguille et dans la direction de sa longueur, la direc-

tion de cette aiguille changera immédiatement : elle dépendra du courant dont le fil est traversé et l'aiguille tendra à se placer en croix avec le fil.

Pour vous rappeler le rapport existant entre la direction du courant et celle de l'aimant, supposez que votre corps fasse partie du courant positif entrant par vos pieds et sortant par votre tête, enfin que votre visage soit tourné vers le courant. Le pôle de l'aimant qui se dirige vers le nord sera toujours dévié par le courant du côté de votre main gauche. On peut mesurer la force d'un courant par l'écart produit sur une aiguille magnétique et on se sert pour cette mesure d'un instrument appelé galvanomètre.

97. Le courant est capable non-seulement de dévier une aiguille aimantée mais encore de rendre le fer doux magnétique. Prenons le fil relié à un pôle de la pile, recouvrons-le d'un fil de soie afin de l'isoler et enroulons-le autour d'un cylindre de fer doux (Fig. 9). Si nous faisons communiquer l'autre extrémité du fil avec le second pôle d'une pile, de façon à laisser passer le courant, nous constaterons que notre cylindre de fer doux est devenu un aimant puissant

Fig. 9.

et qu'en le suspendant à un anneau comme on le voit sur la figure, il est capable de soutenir un poids très-considérable.

98. *Effet calorifique.* — Le courant électrique pos-

sède aussi la propriété d'échauffer un fil à travers lequel il passe. Pour le prouver, relions les deux pôles d'une pile au moyen d'un fil fin de platine, au bout de quelques secondes, ce fil atteindra la température du rouge. Le courant échauffera un fil de fort calibre, mais moins qu'un mince, car nous pouvons supposer qu'il se précipite avec une grande violence à travers la section limitée du fil fin en produisant à son passage une température très-élevée.

99. *Effet chimique.* — Outre ses effets magnétiques et calorifiques, le courant a, dans certaines conditions, le pouvoir de décomposer les substances composées. Supposons par exemple que les pôles d'une pile, au lieu d'être amenés en contact, soient plongés dans un vase rempli d'eau. Une décomposition s'accomplira immédiatement. Il se dégagera de petites bulles d'oxygène au pôle positif et des bulles d'hydrogène au pôle négatif. Si on rassemble les deux gaz dans une cloche, on pourra les enflammer et, en les recueillant séparément, on prouvera par les réactions habituelles que l'un est de l'oxygène et l'autre de l'hydrogène.

100. *Attraction et répulsion des courants.* — Maintenant que nous avons rapidement étudié les effets magnétique, calorifique et chimique des courants, il nous reste à examiner les effets qu'ils produisent les uns sur les autres. Prenons deux fils parallèles l'un à l'autre et conduisant des courants marchant dans la même direction; si ces deux fils ont la faculté de se mouvoir, ils s'attireront réciproquement. Si pourtant

les fils, quoique parallèles, conduisent des courants se dirigeant dans des directions opposées, ils se repousseront. Un moyen facile de démontrer expérimentalement ce phénomène consiste à faire flotter sur de l'eau deux courants circulaires. S'ils vont tous deux dans une même direction, comme les aiguilles d'une montre, ils s'attireront, et se repousseront dans le cas contraire.

101. *Attraction et répulsion des aimants.* — Ampère qui découvrit cette propriété des courants a aussi montré qu'à un très-grand nombre de points de vue, on peut comparer un aimant à une collection de courants circulaires tous parallèles et de direction telle que si on considère le pôle nord d'un aimant cylindrique librement suspendu et faisant face au courant, le courant positif descendra vers l'est ou à gauche et montera à l'ouest ou à droite. En adoptant cette manière de voir, nous nous rendrons aisément compte de l'attraction et de la répulsion qui s'exercent entre les pôles contraires d'un aimant. En effet, lorsque les pôles opposés seront placés l'un près de l'autre, les courants circulaires qui se font face iront dans la même direction et dès lors s'attireront, tandis que si des pôles semblables sont mis en présence, les courants qui se font face se dirigent dans des directions opposées et par conséquent se repousseront.

102. *Induction des courants.* — Avant de terminer cette rapide esquisse des phénomènes électriques, nous dirons quelques mots des effets d'induction

qu'exercent les courants les uns sur les autres. Supposons deux bobines formées par des fils métalliques
recouverts de soie et en-
roulés les uns contre les
autres (Fig. 10). Relions
les deux extrémités de la
bobine à droite avec les
pôles d'une pile de façon
à faire circuler dans celle-
ci un courant électrique.
Rattachons maintenant
la bobine de gauche avec
un galvanomètre afin de
nous permettre de recon-
naître le plus faible courant qui passera dans
cette bobine. Rappro-
chons les deux bobines ;
il passera dans la bobine
de gauche un courant
momentané qui déviera
l'aiguille aimantée du
galvanomètre mais mar-
chera dans une direction
contraire à la direction
de celui qui passera dans
la bobine de droite.

Fig. 10.

103. Tant que le courant continuera à parcourir le
fil de droite, il n'y aura pas de courant dans l'autre fil

mais au moment où on cessera le contact entre le fil
de droite et la pile, il se fera encore un courant momentané dans le fil de gauche et cette fois, dans la
même direction que celle du fil de droite. En d'autres
termes, en établissant le contact dans le fil de droite, il
se produit dans le fil de gauche un courant momentané
et de direction opposée, tandis qu'en brisant le contact dans le fil de droite, il se manifeste dans le fil de
gauche un courant momentané et de même direction.

104. Pour que cette induction des courants se pro-
duise, il n'est pas même nécessaire de faire passer et
d'interrompre le courant dans le circuit de droite,
nous pouvons le laisser toujours passer et nous ar-
ranger de façon à faire alternativement, en la maintenant toujours en communication avec la pile, approcher et s'éloigner la bobine de droite : quand elle
s'approchera, l'effet produit sera le même que lorsque
tout à l'heure on établissait le contact, et nous aurons
un courant induit dans une direction opposée à celle
du premier ; lorsqu'elle s'éloignera, nous obtiendrons
un courant de même direction.

105. Nous voyons donc que soit que nous laissions
les deux bobines stationnaires et que nous produi-
sions brusquement un courant dans la bobine de
droite, soit que nous conservions ce courant en action
constante et que nous l'amenions brusquement dans
le voisinage de l'autre, l'effet d'induction est absolument le même car, dans les deux cas, la bobine de
gauche est amenée brusquement en présence d'un

courant. Il n'y a encore aucune différence si nous interrompons brusquement le courant de droite ou si nous l'éloignons du fil de gauche car, dans les deux cas, cette bobine est virtuellement écartée hors de la présence d'un courant.

106. *Liste des diverses énergies.* — Nous sommes à présent en mesure d'énumérer les diverses sortes d'énergie qui se rencontrent dans la nature. Nous ferons seulement remarquer à nos lecteurs que cette énumération n'a rien d'absolu ou de complet et représente, non pas l'état actuel de nos connaissances, mais plutôt celui de notre ignorance si profonde encore sur la constitution dernière de la matière. Nous ne la donnons absolument que comme une classification commode.

107. Commençons par l'énergie visible. Nous avons tout d'abord.

(A). *Energie de mouvement visible.* — Energie visible de mouvement actuel — dans les planètes, les météores, le boulet de canon, l'ouragan, le fleuve qui coule et une foule de cas de mouvement visible actuel trop nombreux pour être énumérés.

(B). *Energie visible de position.* — Nous avons encore de l'énergie visible de position — dans une pierre au sommet d'un rocher, un étang d'eau occupant un niveau élevé, un nuage de pluie, un arc tendu, une horloge ou une montre montée et dans divers autres cas.

108. Souvent (A) et (B) se manifestent alternativement.

Ainsi un pendule, au point le plus bas de sa course, ne possède que l'énergie (A) de mouvement actuel et en vertu de laquelle il monte à une certaine hauteur contre la force de la pesanteur. Mais, lorsqu'il a achevé son ascension, son énergie est du genre (B) et elle est due à la position. En continuant son oscillation, le pendule change alternativement la nature de son énergie, de (A) en (B) puis de nouveau de (B) en (A).

109. Un corps vibrant fournit un autre exemple de cette alternance. Chaque particule d'un pareil corps peut se comparer à un pendule excessivement petit oscillant d'arrière en avant et d'avant en arrière, mais beaucoup plus rapidement qu'un pendule ordinaire. Lorsqu'une particule vibrante passe à un point de repos, son énergie est tout entière de la variété (A) mais quand elle atteint la limite de son déplacement elle appartient à la variété (B).

110. (C). *Mouvement calorifique.* — En arrivant à l'énergie moléculaire ou invisible, nous avons d'abord ce mouvement des molécules des corps que nous nommons chaleur. Il serait plus juste de l'appeler chaleur absorbée pour la distinguer de la chaleur rayonnante qui en est si différente. Le mouvement particulier communiqué par la chaleur quand elle est absorbée par un corps, est donc un genre d'énergie moléculaire.

(D). *Séparation moléculaire.* — Un effet analogue
est celui de la chaleur; il représente une
position plutôt qu'un mouvement actuel.
Une partie de l'énergie de la chaleur absorbée est dépensée à séparer les molécules du
corps en opposition à l'action de la force
attractive qui tend à les unir (Art. 73); il se
fait ainsi une provision d'énergie de position
qui disparaît aussitôt que le corps est refroidi.

111. (E). *Séparation atomique ou chimique.* — On
peut considérer les deux genres d'énergie
précédents comme étant en relation avec les
molécules plutôt qu'avec les atomes, et avec
la force de cohésion plutôt qu'avec celle de
l'affinité chimique. Passant maintenant à la
force atomique, nous avons un genre d'énergie de position due à la séparation de différents atomes sous l'action de la puissante
attraction chimique qu'ils possèdent l'un
pour l'autre. Ainsi quand nous possédons du
charbon ou carbone et de l'oxygène séparés
l'un de l'autre, nous sommes en possession
d'une source d'énergie qui peut être appelée
énergie de séparation chimique.

112. (F). *Séparation électrique.* — L'attraction que
des atomes hétérogènes possèdent les uns
pour les autres donne cependant quelquefois
lieu à une sorte d'énergie qui se manifeste

sous la forme très-particulière de la séparation électrique, laquelle est donc une nouvelle forme d'énergie de position.

113. (G). *Électricité en mouvement.* — Mais nous
avons un autre genre d'énergie se rapportant à l'électricité; c'est celle qui est due à
l'électricité en mouvement ou, en d'autres
termes, à un courant électrique représentant
probablement une forme quelconque de
mouvement actuel.

114. (H). *Énergie rayonnante.* — On sait qu'il n'y a
point de matière ordinaire ou au moins
presque aucune matière entre le soleil et la
terre, et cependant nous avons une espèce
d'énergie qu'on peut appeler énergie rayonnante et qui nous vient du soleil avec une
vitesse définie, quoique très-grande, puisqu'il
lui faut environ huit minutes pour accomplir
le trajet. On sait en outre, que cette énergie
rayonnante consiste dans les vibrations d'un
milieu élastique remplissant tout l'espace et
qu'on nomme éther. Puisqu'il consiste en
vibrations, il partage le caractère du mouvement du pendule, c'est-à-dire que l'énergie
d'une particule quelconque d'éther est alternativement de position et de mouvement
actuel.

115. *Loi de conservation.* — Maintenant que nous
nous sommes efforcés, au moins provisoirement, de

classer nos diverses énergies, nous sommes en mesure d'établir d'une façon plus définitive ce que nous entendons par conservation de l'énergie. Pour cela, considérons l'Univers dans son ensemble, ou s'il est trop immense, concevons, s'il est possible, qu'on en isole une petite portion qui, relativement à la force ou à l'énergie, formera une sorte de microcosme sur lequel nous pourrons plus convenablement diriger notre attention.

Ainsi cette portion ne donnera aucune part de son énergie à l'univers en dehors d'elle et elle n'en recevra aucune. Il est évident qu'un tel isolement est impossible et ne peut se rencontrer dans la nature, mais comme on peut le concevoir, il aura à tout le moins le mérite de concentrer nos pensées. Or, soit que nous regardions l'univers, soit que nous jetions les yeux sur ce microcosme, le principe de la conservation de l'énergie affirme que le total de toutes les diverses énergies est une quantité constante, c'est-à-dire, pour adopter le langage de l'algèbre :

$$(A) + (B) + (C) + (D) + (E) + (F) + (G) + (H) =$$
Constante.

116. Ce principe ne signifie pas évidemment que (A) de lui-même est constant, pas plus qu'aucun autre terme de l'équation précédente ; en réalité ces termes se transforment éternellement les uns dans les autres. Tantôt de l'énergie visible se change en chaleur ou en électricité, tantôt de la chaleur ou de l'électricité re-

passent à l'état d'énergie visible; ce principe signifie
que la somme de toutes ces énergies est constante.
Nous avons huit quantités individuellement variables
et nous affirmons que leur somme est invariable.

117. Si on nous demande de fournir une preuve de
notre assertion, nous répondrons que nous possédons
la démonstration la plus forte possible que puisse admettre la nature spéciale du cas. Cette assertion est
particulière par sa grandeur, son universalité, la nature
subtile des agents qu'elle met en cause ; si elle est vraie,
son exactitude ne peut certainement pas se démontrer
de la même façon qu'une proposition de géométrie.
Elle n'admet même pas une preuve aussi rigoureuse
que celle du principe, quelque peu analogue, de la conservation de la matière, car en chimie, nous avons la
faculté de confiner les produits de notre combinaison
chimique assez complétement pour prouver, sans
l'ombre d'un doute, qu'aucune matière pesante ne
cesse d'exister. Ainsi, quand du charbon brûle dans de
l'oxygène nous n'avons qu'un simple changement de
condition. Mais il nous est impossible de prouver aussi
facilement qu'il ne se détruit pas d'énergie dans cette
combinaison et que l'unique résultat est un changement d'énergie de séparation chimique en énergie de
chaleur absorbée; en effet, pendant le phénomène,
nous ne pouvons isoler l'énergie, et quoi que nous
fassions, il s'en échappera toujours une certaine portion dans la chambre où nous opérons. Une portion
s'échappera par la fenêtre, une autre quittera même

la terre et s'enfuira dans les espaces. En pareil cas,
tout ce que nous pouvons faire est d'évaluer aussi
complétement que possible combien il s'est échappé
d'énergie. Cette évaluation implique une grande connaissance des lois de l'énergie et une rigoureuse
exactitude d'observation .: en résumé nos lecteurs
comprendront immédiatement qu'il est beaucoup plus
difficile de prouver la vérité de la conservation de
l'énergie que celle de la conservation de la matière.

118. Néanmoins nous sommes en mesure de fournir la démonstration indirecte la plus forte possible
de son exactitude.

Nos lecteurs sont certainement familiers avec une
méthode fréquemment adoptée par Euclide pour démontrer ses propositions. Le savant géomètre commence par supposer que celles-ci sont fausses, et, rai-
sonnant d'après cette hypothèse, il en arrive à une
conclusion absurde, d'où il conclut qu'elles sont vraies.
Nous adopterons une méthode à peu près semblable
relativement à notre principe, seulement au lieu de
supposer qu'il est inexact, admettons qu'il soit exact.
Nous montrerons que dès lors, il implique certaines
conséquences, certains résultats; ainsi en augmentant
la pression nous devons abaisser le point de congélation de l'eau. En faisant l'expérience, nous trouvons
que cette conséquence se vérifie et vient nous fournir un argument en faveur de la conservation de l'é-
nergie.

119. Si les lois de l'énergie sont vraies, on trouvera

que toutes les fois qu'un corps se contracte quand on l'échauffe, la combustion ne l'échauffera pas mais au contraire la refroidira. Nous savons que l'eau à 0°, c'est-à-dire à une température à peine supérieure à celle de son point de congélation, se contracte jusqu'à 5° au lieu de se dilater. Or, sir William Thomson a montré par expérience que l'eau à cette température est refroidie et non échauffée par une compression brusque. Le caoutchouc nous offre un autre exemple de cette relation entre ces deux propriétés ; car, si nous étirons une bande de cette substance, elle se refroidit, en d'autres termes, sa température s'élève par l'extension et s'abaisse par la contraction ; si, inversement, nous chauffons la bande, elle diminuera de longueur au lieu de se dilater.

120. Il existe un nombre infini de cas où il nous est possible de prédire ce qui arrivera en admettant l'exactitude des lois de l'énergie ; l'exactitude de ces lois est prouvée dans tous les cas où nous pouvons les soumettre à l'épreuve d'une expérience rigoureuse ; il est difficile de trouver de meilleures preuves. Nous admettrons donc désormais que la conservation de l'énergie est toujours vraie et nous donnerons à nos lecteurs une liste des différentes transformations qu'éprouve cet agent si subtil à mesure qu'il change d'habitat et, chemin faisant, nous présenterons quelques remarques qui aboutiront certainement à convaincre nos lecteurs de l'exactitude de notre hypothèse.

CHAPITRE IV

121. *Energie de mouvement visible.* — Commençons notre liste de transformations par l'étude de l'énergie de mouvement visible. Celle-ci est transformée en éner gie de position quand on projette une pierre au-dessus du sol ou, pour prendre un exemple absolument sem- blable, lorsqu'une planète ou une comète vont de leur périhélie, c'est-à-dire de leur position la plus voisine du soleil, à leur aphélie ou position la plus éloignée. Nous voyons ainsi comment il se fait qu'un corps céleste marche plus rapidement à son périhélie qu'à son aphélie. Si pourtant une planète devait se mou- voir autour du soleil en suivant un orbite exactement circulaire, sa vitesse serait la même aux divers points de cet orbite, car il n'y aurait aucun changement dans sa distance au centre d'attraction et par conséquent pas de transformation d'énergie.

122. Nous avons déjà dit (Art. 108, 109) que dans un corps oscillant ou vibrant, l'énergie est alternativement de mouvement actuel et de position. A ce point de vue, un pendule est donc semblable à une comète ou à un corps céleste suivant un orbite elliptique. Néanmoins le changement d'énergie est généralement plus complet dans un pendule ou dans un corps vibrant que dans un corps céleste; en effet, dans un pendule, quand l'appareil est à son point le plus bas, l'énergie est entièrement de mouvement actuel, mais à son point le plus haut, elle est entièrement de position. Dans un corps céleste, nous n'avons qu'une diminution et non une entière destruction de vitesse tandis que le corps passe du périhélie à l'aphélie, nous avons seulement une conversion partielle d'un genre d'énergie dans un autre genre.

123. Considérons à présent le changement d'énergie actuelle visible en chaleur absorbée. Ce phénomène a lieu dans tous les cas de frottement, de percussion et de résistance. Ainsi dans le frottement, nous avons la conversion du travail ou de l'énergie en chaleur. Davy a montré que deux morceaux de glace, au dessous du point de congélation, peuvent être fondus par le frottement. Dans la percussion, l'énergie du coup est converti en chaleur, tandis que dans le cas d'un météore ou d'un boulet traversant l'air avec une très-grande vitesse, il se fait une perte d'énergie chez le météore ou le boulet par suite de leur contact avec l'air; et en même temps il se produit de la chaleur par suite de cette résistance.

La résistance n'a point besoin d'être atmosphérique
car en faisant traverser au boulet des planches de bois
ou du sable il y aura encore production de chaleur
par suite de la résistance offerte au mouvement. Nous
pouvons même généraliser davantage et affirmer que
toutes les fois que le mouvement visible d'un corps est
transféré à une masse plus considérable, il y a conversion d'énergie visible en chaleur.

124. Il est nécessaire d'élucider ce point par une
courte explication.

La troisième loi du mouvement nous apprend que
l'action et la réaction sont égales et opposées de sorte
que lorsque deux corps se choquent, les forces mises
en œuvre engendrent des quantités égales et opposées de moment. Nous comprendrons mieux la signification de cette loi par un exemple numérique, en
nous rappelant que le terme *moment* signifie le produit de la masse par la vitesse.

Supposons qu'un corps non élastique de masse 10 et
de vitesse 20 frappe directement un autre corps non
élastique de masse 15 et de vitesse 15, la direction des
deux mouvements étant la même. On sait que la masse
totale se mouvra, après le choc, avec la vitesse 17.
Quelle a donc été l'influence des forces développées
par la collision? Le corps doué de la plus grande vitesse possédait avant le choc un moment 10×20
$= 200$; après le choc son moment n'est plus que $10 \times$
$17 = 170$; il a donc éprouvé une perte de 30 unités
relativement au moment, ou bien nous pouvons admet-

tre qu'un moment de 30 unités lui a été imposé dans une direction opposée à celle de son mouvement primitif. D'autre part le corps doué d'une vitesse plus petite avait d'abord un moment de $15 \times 15 = 225$; il a ensuite $15 \times 17 = 255$ unités : de sorte que son moment a été augmenté de 30 unités dans sa direction primitive.

La force du choc a donc engendré 30 unités de moment, suivant deux directions opposées, de sorte qu'en tenant compte de la direction, le moment du système est le même avant et après le choc; en effet nous avions primitivement un moment de $10 \times 20 + 15 \times 15 = 425$ et ensuite la masse totale 25 se meut avec la vitesse 17 et donne encore le moment 425.

125. Mais tandis que le moment reste le même, l'énergie visible de la masse en mouvement est certainement moindre après le choc qu'avant qu'il ne se soit effectué. Pour comprendre ce fait, il nous suffit de revenir à l'expression de l'Art. 28 qui nous donne pour l'énergie avant le choc : — Energie en kilogrammètres $= \dfrac{m \, v^2}{19 \cdot 6} = \dfrac{10 \times 20^2 + 15 \times 15^2}{19 \cdot 6} = 376$ environ; après le choc $= \dfrac{25 \times 17^2}{19 \cdot 6} = 368$ environ.

126. La perte d'énergie sera encore plus manifeste si nous supposons qu'un corps non élastique en mouvement choque un corps semblable en repos. Si nous avons un corps de masse 20 et de vitesse 20 en frappant un autre de masse égale mais au repos, la

vitesse de la masse double après le choc ne sera évidemment que 10 ; mais quant à l'énergie, celle qui précède le choc sera $\dfrac{20 \times 20^2}{19 \cdot 6} = \dfrac{8000}{19 \cdot 6}$ et celle qui le suit sera $\dfrac{40 \times 10^2}{19 \cdot 6} = \dfrac{4000}{19 \cdot 6}$ ou seulement moitié de la première.

127. Il y a donc, dans tous ces cas, perte apparente d'énergie visible et en même temps production de chaleur par suite du choc qui a lieu. Si cependant les substances qui arrivent en contact sont parfaitement élastiques, ce qui du reste n'existe jamais dans la nature, l'énergie visible après le choc sera la même qu'auparavant et il n'y aura aucune conversion en chaleur. Cette supposition est extrême, et comme il n'y a point de substance parfaitement élastique, toutes les fois qu'il y a choc, il en résulte une conversion plus ou moins considérable de mouvement visible en chaleur.

128. Nous avons parlé (Art. 122) du changement d'énergie qui se manifeste dans un corps oscillant ou vibrant comme s'il consistait uniquement en un changement d'énergie actuelle en énergie de position et inversement. Or, même dans ce cas, à chaque oscillation ou vibration, il se fait une plus ou moins grande conversion d'énergie visible en chaleur. Prenons par exemple un pendule et pour rendre les circonstances aussi favorables que possible, faisons-le se balancer sur une lame de couteau et dans le vide ; il y aura un frottement léger mais constant du couteau contre le plan

sur lequel il repose et quoique le pendule continue à
osciller pendant plusieurs heures, il arrivera pourtant
un moment où il s'arrêtera. De plus, il est impossible
d'obtenir un vide si parfait qu'il n'y ait absolument
pas d'air entourant le pendule, de sorte qu'une partie
du mouvement du pendule sera toujours enlevée par
l'air du vide dans lequel il se meut.

129. Il se passe quelque chose de semblable pour
ce mouvement vibratoire appelé son. Ainsi quand une
cloche vibre, une portion de l'énergie de la vibration
se perd par l'intermédiaire de l'air environnant et
c'est en vertu de ce phénomène que nous entendons.
Mais, lors même qu'il n'y aurait point d'air, la cloche
ne continuerait pas à vibrer indéfiniment. Dans tous
les corps, il existe une proportion plus ou moins
grande de viscosité interne, propriété qui interdit une
parfaite liberté de vibration et finit par convertir les
vibrations en chaleur.

Une cloche qui vibre est donc à très-peu de chose
près dans la même position qu'un pendule qui oscille;
des deux côtés, de l'énergie disparaît dans l'air et il se
fait un frottement inévitable qui chez l'une prend la
forme de viscosité interne et dans l'autre celle du frottement du couteau contre le plan sur lequel il s'appuie.

130. Dans ces deux cas, cette portion de l'énergie
qui s'en va dans l'air finit par prendre la forme de
chaleur. Le pendule oscillant communique à l'air un
mouvement qui finit par l'échauffer. La cloche ou
l'instrument de musique qui vibre communique aussi

une partie de son énergie à l'air. Cette énergie communiquée se meut d'abord dans l'air avec la vitesse bien connue du son, mais pendant sa marche, il est certain qu'à son tour elle se convertit partiellement en chaleur. Enfin elle est transmise par l'air à d'autres corps et grâce à leur viscosité interne elle est tôt ou tard changée en chaleur. Nous voyons donc que la chaleur est la forme d'énergie en laquelle se transforme finalement tout mouvement terrestre visible, rectiligne, oscillatoire ou vibratoire.

131. Dans le cas d'un corps en mouvement rectiligne visible à la surface de la terre, ce changement s'effectue très-promptement; si le mouvement est rotatoire comme celui d'une lourde toupie, il pourra peut-être se continuer plus longtemps avant d'être arrêté par l'air environnant et par le frottement éprouvé par le pivot; s'il est oscillatoire comme dans le pendule ou vibratoire comme dans un instrument de musique, nous avons vu que l'air et le frottement interne étaient en action, sous une forme ou sous une autre, pour le supprimer et enfin le convertir en chaleur.

132. Mais, objectera-t-on, pourquoi considérer un corps se mouvant à la surface de la terre, et non pas le mouvement de la terre elle-même? Ce mouvement finira-t-il, lui aussi, par se transformer en chaleur?

Il est certain qu'il est plus difficile de suivre la conversion qui s'effectue en ce cas, d'autant plus que nos yeux sont incapables de la constater. En d'autres termes les conditions qui rendent la terre habitable

et en font une demeure convenable pour des êtres
intelligents comme les hommes sont justement celles
qui ne nous permettent pas de percevoir cette conversion de l'énergie dans le cas de la terre. Certains faits
nous prouvent cependant qu'elle s'effectue véritablement. Pour le montrer, nous pouvons subdiviser le
mouvement de la terre en un mouvement de rotation
et en un mouvement de révolution.

133. Relativement à la rotation de la terre, la transformation de l'énergie visible de ce mouvement en
chaleur est déjà bien connue. Il nous suffit pour cela
d'étudier la nature de l'action de la lune sur les
portions fluides de notre globe. Le diagramme ci-
joint (Fig. 11) nous en donne un dessin exagéré et

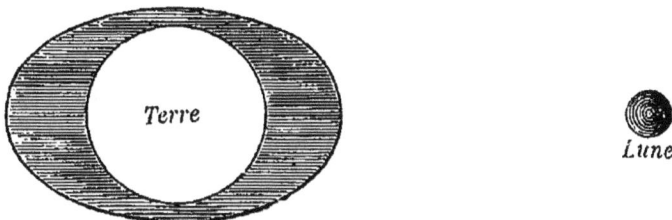

Fig. 11.

nous permet de voir que la sphère terrestre est changée
en un ovale allongé dont une extrémité se dirige
vers la lune. Le corps solide, la terre, tourne comme
d'habitude mais cette protubérance liquide se dirigeant toujours vers la lune, la terre frotte contre elle.
Le frottement produit tend évidemment à diminuer
l'énergie rotatoire de la terre, il agit comme un frein,
et de même que sur un chemin de fer, nous avons
une conversion d'énergie visible en chaleur. Ce fait

a été reconnu pour la première fois par Mayer et
J. Thomson.

134. Il ne peut y avoir aucun doute sur le fait de la
transformation qui s'opère ; la seule question est de
connaître la rapidité avec laquelle elle s'accomplit et
le temps nécessaire avant qu'elle puisse causer une im-
pression perceptible sur l'énergie rotative de la terre.

Les astronomes croient avoir découvert la preuve
d'un pareil changement. En effet notre connaissance
des mouvements du soleil et de la lune est devenue si
exacte que nous pouvons, par nos calculs, non-seulement prédire une éclipse mais encore, revenant dans
le passé, fixer les dates et même les détails particuliers
des anciennes éclipses historiques. Si cependant
depuis ces temps reculés la terre a perdu un peu
d'énergie rotative par suite de cette action particulière
de la lune, il est évident que les circonstances calcu-
lées d'une ancienne éclipse totale ne concorderont
pas tout à fait avec celles qui ont été décrites par les
historiens. Une comparaison de ce genre nous porte à
croire qu'il existe une légère diminution dans l'é-
nergie rotative de notre planète. En continuant cette
argumentation, nous serons obligés de conclure que
l'énergie rotative de notre globe, par suite de l'action
de la lune, diminuera de plus en plus jusqu'à ce que
les choses en arrivent à un état tel que la rotation
finira par s'accomplir dans le même temps que la
rotation de la lune, de sorte que la même portion de
la surface terrestre fera toujours face à la lune. Il est

évident alors qu'il n'y aura aucun effort de la substance solide de la terre pour glisser sous la protubérance fluide, et que par suite il n'y aura plus de frottement ni d'autre perte d'énergie.

135. Si la destinée de la terre est de finir par tourner
toujours la même face vers la lune, nous avons d'a-
bondantes preuves que le même sort a depuis longtemps été celui de la lune elle-même. L'effet bien plus
puissant de notre terre sur la lune a produit ce résultat, déjà probablement à l'époque si reculée où la lune
était en grande partie à l'état liquide. Un fait familier
non-seulement aux astronomes mais à nous tous, c'est
qu'aujourd'hui la lune tourne toujours la même face
vers la terre[1]. Il est certain qu'il en est de même depuis longtemps pour Jupiter, Saturne et les autres
grandes planètes, et des indications spéciales prouvent
qu'au moins, dans le cas de Jupiter, les satellites
tournent toujours la même face vers l'astre dont ils
accompagnent la marche.

136. Si maintenant nous en arrivons à l'énergie de
révolution de la terre dans l'orbite qu'elle parcourt
autour du soleil, nous ne pouvons nous empêcher de
croire à l'existence d'un milieu matériel quelconque
entre le soleil et la terre ; la théorie des ondulations
de la lumière implique d'ailleurs cette croyance. Mais,
si nous admettons un pareil milieu, il est difficile

1. Cette explication a été donnée pour la première fois par les
professeurs Thomson et Tait dans leur « Natural Philosophy » ainsi
que par le docteur Frankland dans une lecture faite à l'Institution
Royale de Londres.

d'imaginer que sa présence ne finira pas par diminuer
le mouvement de révolution de la terre. Il y a une
forte probabilité scientifique, sinon une certitude absolue, que ce phénomène doit réellement s'effectuer. Il
y a même quelque raison de penser que l'énergie
d'une comète à courte période, dite comète de Encke,
s'arrête graduellement pour cette raison. On ne peut
enfin douter que cette cause ne soit réellement en œuvre
et ne finisse par affecter les mouvements des planètes
et des autres corps célestes bien que son degré d'action soit assez lent pour que nous soyons incapables
de le constater.

Nous généraliserons en disant que dans l'univers,
partout où il existe un mouvement différentiel, c'est-
à-dire un mouvement de l'une de ses parties vers une
autre de ses parties ou à son opposé, par suite du
milieu subtil ou ciment qui relie entre elles les
diverses parties de l'univers, ce mouvement est accompagné d'une espèce de frottement en vertu duquel
le mouvement différentiel disparaîtra et la perte
d'énergie causée par sa disparition prendra la forme
de chaleur.

137. Certains faits tendent à faire croire qu'une
semblable transformation s'effectue dans le système
solaire. En effet, dans le soleil lui-même, la matière
voisine de l'équateur est, en vertu de la rotation de
cet astre, alternativement poussée dans la direction et
à l'opposé de la direction des diverses planètes. Il
semblerait que les taches solaires, qui sont des trou-

bles atmosphériques, affectent spécialement les régions équatoriales de l'astre et offrent une tendance à atteindre leur plus grande dimension dans la position la plus éloignée possible des planètes exerçant de l'influence comme par exemple Mercure ou Vénus[1]. Si, par exemple, Vénus était entre la terre et le soleil, il y aurait peu de taches au milieu du disque solaire car cette partie serait justement la plus voisine de Vénus.

Si les planètes ont une influence sur les taches solaires, l'action est certainement réciproque et nous avons tout lieu de penser que les taches solaires influencent non-seulement le magnétisme mais encore la météorologie de notre terre, de sorte qu'il se manifeste plus d'aurores boréales et de cyclones pendant les années où il existe le plus de taches solaires[2]. Ne serait-il pas alors possible que, dans ces phénomènes si étranges et si mystérieux, nous ne voyions des traces du mécanisme au moyen duquel le mouvement différentiel du système solaire se transforme graduellement en chaleur?

138. Nous savons que l'énergie visible de mouvement actuel se change en énergie visible de position et souvent aussi en chaleur absorbée. Il nous faut établir qu'elle pourrait également être transformée en séparation électrique. Quand une machine électrique ordinaire est en action, on dépense un travail consi-

---

1. Voir les recherches sur la Physique Solaire de De La Rue, Stewart et Loewy.
2. Voir les Recherches sur le magnétisme de Sir E. Sabine et la Périodicité des Cyclones de C. Meldrum.

dérable à faire tourner le plateau, et il est alors réellement plus pénible de le mouvoir que s'il ne produisait
point d'électricité. En d'autres termes, une partie de
l'énergie dépensée sur la machine sert à produire
une séparation électrique. Il y a, pour engendrer de
l'électricité, des méthodes autres que celle du frottement. Si, par exemple, nous amenons une plaque conductrice isolée près des conducteurs de la machine
quoique pas assez près pour produire une étincelle
électrique, puis si nous touchons le disque isolé, nous
constaterons qu'après ce contact, celui-ci est chargé
d'électricité opposée à celle de la machine; il suffira
de l'éloigner pour pouvoir faire usage de cette électricité.

Réfléchissons sur le travail que nous avons dépensé
en exécutant cette expérience. N'oublions pas qu'en
touchant le disque nous avons fait disparaître l'électricité de même nom que celle de la machine de sorte
que ce disque est ensuite attiré plus fortement qu'auparavant par le conducteur. Par conséquent, dès que
nous commençons à l'éloigner, il nous en coûte un
effort pour exécuter ce mouvement et l'énergie mécanique que nous dépensons compense la séparation
électrique que nous obtenons alors.

139. Nous pouvons ainsi employer un petit noyau
d'électricité pour nous aider à nous en procurer une
quantité illimitée, car dans l'expérience précédente,
l'électricité du premier conducteur n'est pas modifiée
et il nous est loisible de répéter l'opération autant de

fois qu'il nous plaira et d'amasser une très-grande quantité d'électricité, sans jamais arriver à altérer l'électricité du premier conducteur mais toutefois non sans dépenser une proportion équivalente d'énergie sous forme de travail actuel.

140. S'il y a dans tout mouvenent une tendance à se changer en chaleur, il existe un cas où, du moins dans le commencement, il se transforme en courant électrique. Nous faisons allusion au cas où une substance conductrice se meut en présence d'un courant électrique ou d'un aimant.

A l'Art. 104, nous avons trouvé que si une bobine en communication avec un fil est rapidement amenée en présence d'une autre bobine reliée à un galvanomètre, il s'engendre dans celle-ci un courant d'induction qui affecte le galvanomètre dans une direction inverse à celle du courant qui passe dans la première. Or un courant électrique implique de l'énergie et nous sommes en droit de conclure qu'une autre forme d'énergie doit être dépensée ou disparaître, afin de produire le courant engendré dans la bobine en communication avec le galvanomètre.

En outre, l'Art. 110 nous apprend que deux courants suivant des directions opposées se repoussent réciproquement. Le courant engendré dans la bobine rattachée au galvanomètre, ou courant secondaire, devra donc repousser le courant primaire qui se dirige vers lui : cette répulsion causera un arrêt de mouvement ou bien elle rendra nécessaire une dépense d'énergie afin de maintenir le mouvement de la bobine qui se meut. Deux phénomènes s'accomplissent simultanément : il y a d'abord production d'énergie dans le circuit secondaire sous forme d'un courant de direction opposée à celui du circuit primaire, puis, par suite de la répulsion entre ce courant induit et le courant primaire, il se fait un arrêt ou une disparition de l'énergie de mouvement actuel du circuit qui se meut. Nous avons réellement la création d'une sorte d'énergie et en même temps la disparition d'une autre, ce qui nous montre que la loi de conservation n'est violée en rien.

141. Nous reconnaissons aussi la connexion nécessaire entre les deux lois électriques énoncées aux Art. 100 et 104. Si ces lois avaient été différentes de ce qu'elles sont, le principe de la conservation de l'énergie aurait été violé. Si par exemple le courant induit, dans le cas actuel, avait eu la même direction que le courant primaire, les deux courants se seraient attirés mutuellement et il y aurait eu création d'un courant secondaire impliquant de l'énergie dans le circuit attaché au galvanomètre en même temps qu'un accroissement de l'énergie visible de mouvement du courant primaire; au lieu de la création d'une espèce d'énergie, accompagnée par la disparition d'une autre espèce, nous aurions eu la création simultanée de deux genres d'énergie et la loi de la conservation aurait été violée.

Le principe de conservation nous permet de dé-

duire l'une de ces lois électriques de l'autre et ce cas,
parmi tant d'autres, renforce notre croyance dans la
vérité du grand principe que nous développons en ce
moment.

142. Étudions ce qui se produira si nous obligeons
le courant primaire à se mouvoir, non plus vers le courant secondaire, mais dans une direction opposée.
L'Art. 104 nous a appris que le courant induit sera
alors de même direction que le courant primaire, tandis que d'après l'Art. 100, les deux courants s'attireront réciproquement. Cette attraction tendra à arrêter
le mouvement éloignant le courant primaire du courant secondaire, il se fera une disparition de l'énergie
de mouvement visible et, en même temps, production d'un courant. Par suite, dans les deux cas, une
forme d'énergie disparaît et une autre prend sa place,
de sorte qu'on éprouvera une résistance très-perceptible
à rapprocher aussi bien qu'à éloigner le circuit primaire du circuit secondaire. Dans les deux opérations,
on dépensera un travail ou une énergie dont le résultat
sera la production d'un courant dans le premier cas,
de chaleur dans le second, puisque l'Art. 98 nous enseigne que lorsqu'un courant passe le long d'un fil,
son énergie est généralement dépensée à échauffer ce
fil.

Ainsi deux phénomènes se manifestent conjointe-
ment. En premier lieu, en rapprochant ou en éloignant
un courant d'électricité d'un circuit formé par un fil
métallique ou par tout autre conducteur, ou ce qui

revient au même puisque l'action et la réaction sont
égales et opposées, en rapprochant ou en éloignant
un circuit formé par un fil métallique ou tout autre
conducteur, d'un courant d'électricité, on éprouvera
une sensation de résistance et on devra dépenser de
l'énergie; en second lieu un courant électrique sera
engendré dans le conducteur et par suite ce conducteur sera échauffé.

143. Le résultat se manifestera nettement en faisant tourner rapidement une toupie métallique dans
le voisinage de deux tiges de fer brusquement trans-
formables en pôles d'un puissant électro-aimant au
moyen d'une pile. Dès que ce changement s'est accompli et que les pôles sont devenus magnétiques, le
mouvement de la toupie ne tarde pas à s'arrêter absolument comme s'il avait à vaincre une sorte de frottement invisible. Ce résultat curieux est facilement
explicable. Nous avons vu à l'Art. 101 qu'un aimant
est comparable à une réunion de courants électriques.
Or, dans la toupie métallique, nous avons un conducteur s'approchant et s'écartant alternativement de ces
courants, par suite, d'après ce qui a été dit, il se produira dans la toupie qui est conductrice une série de
courants secondaires qui arrêteront son mouvement
et finiront par prendre la forme de la chaleur. L'é-
nergie visible de la toupie se changera en chaleur absolument comme si elle était arrêtée par un frottement ordinaire.

144. L'électricité induite dans un conducteur métal-

lique mis en présence d'un aimant puissant a reçu le
nom de magnéto-électricité et électro-magnétisme. Le
Dr Joule s'en est servi pour déterminer l'équivalent
mécanique de la chaleur car c'est en chaleur que finit
par se transformer l'énergie de mouvement du conducteur. Ces courants forment peut-être le meilleur
moyen d'obtenir de l'électricité et récemment M. Wild
et d'autres fabricants ont construit d'après ce principe
de très-belles machines.

145. Lorsque ces machines sont grandes, elles sont
mues par la vapeur et leur mode d'opération est le suivant : — La pièce principale est un système de puissants aimants en acier en présence desquels on fait
tourner rapidement un circuit conducteur. On se sert
alors du courant produit pour créer un électro-aimant
très-puissant en face duquel tourne rapidement un
nouvel électro-aimant qui, à son tour, produit des
courants induits. Ces derniers ont une telle force
que lorsqu'on les emploie à faire de la lumière électrique, par une nuit sombre, à plus de trois kilomètres du lieu de l'expérience, ils permettent de lire
une page imprimée en petits caractères.

Il semblerait que dans cette machine on fait un
double usage de l'électro-magnétisme. En partant d'une
sorte de noyau de magnétisme permanent, on se sert des
courants électro-magnétiques d'abord pour former un
second électro-aimant beaucoup plus puissant que le
premier qui sert ensuite à donner un dernier courant
induit dont la puissance est immense.

146. Il existe cependant la plus grande ressemblance entre la machine électro-magnétique de Wild qui engendre des courants électriques et celle qui produit de l'électricité statique par la méthode décrite à l'Art. 139. Dans les deux cas, on emploie un noyau primitif, la machine électro-magnétique. Les courants moléculaires d'une série d'aimants permanents servent à engendrer d'énormes courants électriques sans éprouver eux-mêmes la moindre altération mais non sans dépense de travail.

S'il s'agit d'une machine d'induction fournissant de l'électricité statique, nous avons un noyau électrique que nous avons supposé résider dans les premiers conducteurs de la machine, et nous nous en servons pour engendrer une immense quantité d'électricité statique sans aucune altération permanente du noyau mais non sans une dépense de travail.

147. Nous avons vu sous quelles formes peut se changer l'énergie visible de mouvement actuel. Ces formes sont : 1º énergie de position ; 2º les deux énergies qui comprennent la chaleur absorbée ; 3º séparation électrique et, enfin, électricité en mouvement. Au point où en sont nos connaissances, nous ne savons aucun cas où l'énergie visible puisse se transformer directement en séparation chimique ou en énergie rayonnante.

148. *Energie visible de position*. — Après avoir terminé l'étude des transformations de l'énergie de mouvement visible, nous abordons celle des transforma-

tions de l'énergie de position. Nous reconnaîtrons qu'elle se change en mouvement, et jamais, du moins immédiatement, en aucune autre forme d'énergie ; nous ne nous y arrêterons donc pas.

149. *Chaleur absorbée.* — Les deux formes d'énergie comprenant la chaleur absorbée peuvent se convertir en (A) ou énergie visible actuelle, comme dans le cas de la machine à vapeur et de toutes les diverses machines où on fait usage de la chaleur. Ainsi, dans la machine à vapeur par exemple, une partie de la chaleur qui y passe disparaît à l'état de chaleur et est absolument incapable de réapparaître sous forme d'effet mécanique. Une condition est de nécessité absolue : toutes les fois qu'on transforme de la chaleur en effet mécanique, il doit y avoir différence de température, et la chaleur ne sera transformée en travail qu'en passant d'un corps à une haute température à un corps dont la température est basse.

Le célèbre physicien Carnot a justement comparé le pouvoir mécanique de la chaleur à celui de l'eau ; de même qu'il est impossible que la chaleur nous fournisse du travail à moins qu'il n'y ait un courant de chaleur d'un niveau de haute température à un niveau de température inférieure, de même l'eau ne peut donner de travail que si elle tombe d'un niveau supérieur à un autre plus bas.

150. En songeant que le caractère essentiel de la chaleur est de se distribuer, nous ne tardons pas à apercevoir la raison de cette loi particulière. En vertu

de sa nature, la chaleur se précipite toujours d'un corps à haute température à un corps à basse température, et si elle est abandonnée à elle-même, elle se distribuera également sur tous les corps, de façon à ce qu'ils finissent par posséder la même température. Si nous voulons que la chaleur nous fournisse du travail, il nous faut nous plier à son humeur; elle se comparerait volontiers à une bande d'écoliers, toujours prêts à se ruer hors de la salle d'étude pour jouer dans la campagne et qui ont souvent besoin d'être ramenés au prix d'une dépense considérable d'énergie. La chaleur ne veut pas être confinée, elle résistera à tout effort ayant pour but de l'accumuler dans un espace restreint. On n'obtiendra donc aucun travail par cette opération qui, au contraire, exigera du travail pour s'accomplir.

151. Considérons pour un instant le cas d'une enceinte dont toutes les parties sont à la même température. La chaleur s'y trouve à une sorte de niveau dont il est impossible de faire sortir la moindre trace de travail. La température pourra même être élevée et l'enceinte renfermer d'immenses quantités d'énergie calorifique, mais aucune trace n'en sera utilisable sous forme de travail. Pour reprendre la comparaison de Carnot, nous dirons que toute l'eau est déjà tombée au niveau inférieur et ne possède plus le pouvoir d'accomplir du travail utile.

152. Trois points se dégagent de notre raisonnement : la chaleur peut nous fournir du travail quand

elle passe d'une plus haute à une plus basse température ; il nous faut dépenser du travail sur elle afin de la faire passer d'une basse à une haute température ; la chaleur est incapable de nous donner du travail lorsqu'elle est tout entière à une même température uniforme.

Ce que nous avons dit nous permet de nous rendre compte des conditions sous lesquelles travaillent les machines où on fait usage de la chaleur. Dans toutes, le point essentiel n'est pas la possession d'une chaudière, d'un piston, d'un volant ou de soupapes, mais celle de deux enceintes l'une à haute, l'autre à basse température, et le travail s'accomplit par le passage de la première enceinte à la seconde.

Prenons par exemple la machine à basse pression. Le bouilleur constitue l'enceinte à haute température, le condenseur est l'enceinte à basse température et la machine travaille lorsque la chaleur se rend du bouilleur au condenseur, mais jamais quand elle va du condenseur au bouilleur. Dans la locomotive, la vapeur est engendrée à une température et sous une pression élevée, et elle se refroidit quand on l'injecte dans l'atmosphère.

153. Laissons de côté les machines proprement dites et considérons un foyer ordinaire qui réellement, au point de vue de l'énergie, joue le rôle d'une machine. L'air froid glisse sur le sol de la chambre, se précipite dans le foyer, s'y unit au carbone et le produit raréfié est entraîné dans la cheminée. Ne consi-

dérons pour le moment le phénomène de la combustion que comme un procédé destiné à fournir de la chaleur; il se fait un appel continuel d'air froid qui est échauffé par le feu et va se réunir à l'air supérieur. En réalité, la chaleur est distribuée ou transportée d'un corps à haute température, le feu, à un corps à basse température, l'air extérieur, et ce phénomène de distribution produit un effet mécanique qui est le tirage de la cheminée.

154. Notre propre terre fournit un second exemple d'une pareille machine; les régions équatoriales font l'office de chaudières, les régions polaires sont les condenseurs. En effet, à l'équateur, l'air est échauffé par les rayons directs du soleil et nous avons un courant d'air ascendant, comme à travers une cheminée, qui est alimenté par un courant d'air froid s'opérant au niveau du sol et venant des deux pôles. L'air chaud se rend de l'équateur aux pôles en suivant les hautes régions de l'atmosphère et l'air froid marche des pôles à l'équateur en suivant les régions inférieures. Très-souvent il arrive que, grâce à la chaleur solaire, des vapeurs aqueuses sont transportées en même temps que l'air dans les régions atmosphériques supérieures et plus froides où elles sont déposées sous forme de pluie, de grêle ou de neige qui finissent par retomber sur la terre et manifestent alors une immense énergie mécanique. Le marin qui déploie sa voile et le meunier qui moud son blé en employant la force du vent ou celle de l'eau courante,

dépendent tous deux de la terre, cette immense
machine, toujours à l'œuvre, produisant toujours un
effet mécanique mais toujours aussi transportant de
la chaleur de ses contrées les plus chaudes à ses contrées les plus froides.

155. S'il est essentiel pour une machine d'avoir
deux enceintes, l'une chaude et l'autre froide, il est
également important qu'il y ait entre elles une différence considérable de température. Puisque la nature
exige une différence avant de nous donner du travail,
nous ne serons pas en état de la satisfaire si nous ren-
dions cette différence aussi petite que possible. Il en
résulte que nous obtiendrons la plus grande somme
de travail d'une certaine quantité de chaleur passant
dans notre machine alors que la différence de température entre la chaudière et le condenseur sera aussi
grande que possible. Dans une machine à vapeur,
cette différence ne peut être très-considérable parce
que, si l'eau de la chaudière était à une température
très-élevée, la pression de la vapeur deviendrait dangereuse, mais dans une machine à air qui tour à tour
échauffe et refroidit de l'air, cette différence peut devenir beaucoup plus considérable. Certains inconvénients
pratiques sont cependant inhérents aux appareils où
la température de la chaudière est très-haute et ils
peuvent devenir assez formidables pour faire perdre à
ces machines les avantages économiques que leur
donne avec raison la théorie.

156. Le professeur J. Thomson a conseillé d'em-

ployer les principes que nous venons d'établir pour vérifier son hypothèse d'après laquelle l'application de la pression ferai baisser le point de congélation de l'eau. L'expérience a été exécutée plus tard par le professeur Sir W. Thomson. Son raisonnement était le suivant :

Supposons une enceinte maintenue constamment à la température de 0°, point de fusion de la glace, et un cylindre, ayant une section de 1 mètre carré, rempli d'eau sur 1 mètre de hauteur, c'est-à-dire contenant 1 mètre cube d'eau. Supposons ensuite qu'un piston bien exactement ajusté et chargé d'un poids considérable soit placé dans ce cylindre au-dessus de la surface de l'eau. Prenons maintenant l'appareil et portons-le dans une autre enceinte dont la température est exactement trois fois moindre. L'eau set congèlera et comme elle se dilatera alors, elle soulèvera le piston et le poids qu'il supporte de 9 centimètres environ ; admettons que le piston soit maintenu dans cette position au moyen d'une cheville. Reportons l'appareil dans la première enceinte ; la glace se fondra, notre cylindre sera rempli d'eau liquide, mais il y aura un espace vide de 9 centimètres entre la surface de l'eau et le piston. Nous aurons acquis une certaine quantité d'énergie de position et il nous suffira de détacher la cheville et de laisser retomber le piston et sa charge pour utiliser cette énergie. L'opération pourra se renouveler un nombre infini de fois. Si le poids est très-considérable, il en sera de même de l'é-

nergie; ces deux quantités varient proportionnellement l'une à l'autre. Notre appareil est donc une véritable machine à air; l'enceinte à 0° correspond à la
chaudière, l'autre enceinte à température trois fois
plus basse fait l'office du condenseur et la quantité de
travail que nous pouvons faire sortir de la machine,
ou son effet utile, dépendra du poids élevé à 9 centimètres de hauteur, de sorte qu'en augmentant indéfiniment ce poids nous augmenterons indéfiniment
l'effet utile de la machine. Il semblerait à première vue
que ce procédé suffit pour faire produire à notre machine une somme quelconque de travail et que par
suite nous avons vaincu la nature. Mais alors intervient la loi de Thomson qui nous montre que nous ne
pouvons remporter cette victoire car, si le piston supporte un poids considérable, il nous faut avoir entre
nos deux enceintes une différence proportionnellement considérable de température, en d'autres termes
le point de congélation de l'eau, sous une grande pression, aura une température plus basse que si la pression qui l'environne est faible.

Avant de quitter ce sujet, nous résumerons l'effet
réel se produisant dans toutes les machines où on
emploie la chaleur. Non seulement la chaleur produit
un effet mécanique; mais une quantité donnée de chaleur cesse absolument d'exister en produisant son
équivalent en travail. Par suite, s'il nous était possible
de mesurer la chaleur créée dans une machine par la
combustion d'une tonne de houille, nous trouverions

qu'elle est moindre quand la machine donne du travail que lorsqu'elle est au repos.

De même quand un gaz se dilate brusquement, sa température s'abaisse parce qu'une certaine proportion de sa chaleur cesse d'exister en produisant de l'effet mécanique.

157. Nous nous sommes efforcés de montrer dans quelles conditions la chaleur absorbée pouvait se transformer en effet mécanique. Cette chaleur absorbée comprend deux variétés d'énergie (Art. 110), l'une est du mouvement moléculaire, l'autre de l'énergie moléculaire de position.

Etudions maintenant les circonstances dans lesquelles l'une de ces variétés est susceptible de se changer en l'autre. On sait qu'il faut beaucoup de chaleur pour transformer en eau un kilogramme de glace, et que lorsque celle-ci est fondue, la température de l'eau n'est pas sensiblement plus haute que celle de la glace. On sait également qu'il faut une grande quantité de chaleur pour changer en vapeur un kilogramme d'eau bouillante et que, lorsque la transformation est accomplie, la vapeur produite n'est pas sensiblement plus chaude que l'eau bouillante. On dit alors que la chaleur devient latente.

Dans ces deux cas, mais surtout dans le second, nous pouvons admettre que la chaleur n'a pas eu à accomplir son rôle ordinaire et qu'au lieu d'accroître le mouvement des molécules d'eau, elle a dépensé son énergie à les écarter violemment les unes des

autres contre la force de la cohésion qui les réunit
mutuellement.

Nous savons que la force de cohésion perceptible
dans l'eau bouillante est, en apparence, absente de
la vapeur parce que les molécules de celles-ci sont
trop écartées les unes des autres pour permettre à
cette force d'être appréciable. Nous supposerons donc
qu'une grande partie au moins de la chaleur nécessaire pour convertir de l'eau bouillante en vapeur,
est dépensée à créer du travail en opposition aux
forces moléculaires.

Dès que la vapeur est de nouveau condensée à
l'état d'eau chaude, la chaleur qui s'est ainsi dépensée
reprend la forme de mouvement moléculaire et la
conséquence qui en résulte, est qu'il nous faut enle-
ver toute la chaleur latente d'un kilogramme de vapeur avant de pouvoir changer celle-ci en eau bouillante. La pratique nous apprend que s'il est difficile
et ennuyeux de convertir de l'eau en vapeur, il n'est
ni plus commode, ni plus agréable de convertir de la
vapeur en eau.

158. Il existe d'autres cas où il est hors de doute
que la séparation moléculaire ne se transforme graduellement en mouvement calorifique. En refroidissant brusquement un morceau de verre, ses particules
n'ayant pas encore eu le temps d'atteindre une position convenable, leur ensemble se trouve dans un
état en quelque sorte forcé. Par le temps, ces corps
tendent à assumer une condition plus stable et leurs

particules se rapprochent graduellement. C'est pour
cette raison que la boule récemment soufflée d'un
thermomètre se contracte lentement, et qu'une larme
batavique formée en laissant tomber dans de l'eau du
verre en fusion, se réduit en poussière avec explosion
dès qu'on la brise. Il semble probable que tous ces
phénomènes sont toujours accompagnés de chaleur
et prouvent la transformation de l'énergie de séparation moléculaire en énergie de mouvement moléculaire.

159. Maintenant que nous avons examiné les changements de (C) en (D), et réciproquement de (D) en (C),
reprenons notre liste et voyons dans quelles circonstances la chaleur absorbée est changée en séparation
chimique.

On sait que lorsque certains corps sont soumis à
l'influence de la chaleur, ils se décomposent. En
chauffant, par exemple, du calcaire ou carbonate de
chaux, l'acide carbonique se dégage sous forme de gaz
et il reste de la chaux vive. Or, il se consomme de
la chaleur dans ce phénomène ; une certaine somme
d'énergie calorifique cesse complètement d'exister en
tant que chaleur et se transforme en énergie de séparation chimique. Réciproquement, si on expose dans
certaines conditions, la chaux ainsi obtenue à une
atmosphère d'acide carbonique, elle se changera graduellement en carbonate de chaux, et pendant ce
changement très-lent à s'accomplir, nous pouvons
être assurés que l'énergie de séparation chimique est

à son tour convertie en énergie calorifique, bien qu'il ne nous soit pas donné, par suite de la lenteur du phénomène, de constater directement aucune élévation de température.

Il est possible qu'à de très-hautes températures la plupart des composés soient détruits. La température à laquelle un corps subit cette décomposition, se nomme la température de dissociation.

160. L'énergie calorifique est changée en séparation électrique lorsqu'on chauffe des tourmalines et certains autres cristaux.

Prenons un cristal de tourmaline et élevons sa température; une de ses extrémités sera électrisée positivement, et l'autre négativement. Reprenons le même cristal, refroidissons-le brusquement, l'électrisation sera inverse de telle sorte que l'extrémité de l'axe qui était tout-à-l'heure positive, sera maintenant négative et réciproquement. Or cette séparation des électricités prouve de l'énergie ; ces cristaux nous offrent un cas où l'énergie calorifique a été transformée en énergie de séparation électrique. En d'autres termes, une certaine proportion de chaleur a cessé d'exister en tant que chaleur et, à sa place, on a obtenu une certaine quantité de séparation électrique.

161. Etudions les circonstances dans lesquelles la chaleur est changée en électricité de mouvement. Cette transformation s'effectue dans la thermo-électricité.

Supposons (Fig. 12) que nous soudions à un barreau

de bismuth, un barreau de cuivre ou d'antimoine, de cuivre par exemple. Chauffons l'une des soudures et arrangeons-nous de façon à ce que l'autre reste froide, un courant d'électricité positive circulera le long des barreaux, dans la direction de la flèche et se rendra du bismuth au cuivre en traversant la soudure échauf-

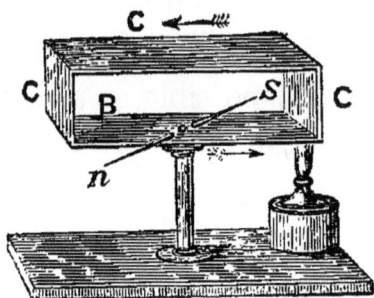

Fig. 12.

fée. Son existence est facile à constater au moyen d'une aiguille magnétique qui sera déviée de sa position primitive ainsi qu'on le voit sur la figure.

Dans le cas actuel, de l'énergie calorifique disparaît et se transforme en énergie de mouvement électrique ; un appareil construit d'après ce principe, deviendra l'instrument le plus délicat servant à constater l'existence de la chaleur. En disposant un certain nombre de soudures de bismuth et d'antimoine comme on le voit sur la Fig. 13 et en chauffant la série supérieure

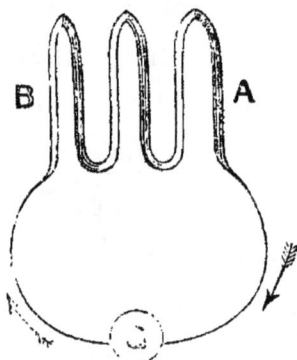

Fig. 13.

tandis que l'autre reste froide, nous obtenons un courant énergique se dirigeant du bismuth à l'antimoine en traversant les soudures chauffées. En faisant passer le courant ainsi produit le long d'un galvanomètre, en augmentant le nombre de nos soudures et en em-

ployant un galvanomètre très-sensible, nous serons en
mesure d'obtenir des effets très-perceptibles pour la
plus légère augmentation de température dans les
soudures supérieures. Cette disposition porte le nom
de pile thermo-électrique ; jointe au galvanomètre
multiplicateur, elle fournit le meilleur instrument
pour découvrir les plus petites quantités de chaleur.

162. La dernière transformation qui, sur notre liste,
se rapporte à la chaleur absorbée est celle dans laquelle ce genre d'énergie est transformé en lumière
et en chaleur rayonnantes. Le phénomène s'effectue
toutes les fois qu'un corps chaud se refroidit dans un
espace ouvert et le soleil, par exemple, cède de cette
façon une grande quantité de sa chaleur. C'est en partie du moins à ce phénomène qu'est dû le refroidissement d'un corps chaud dans l'air, et complétement
à lui qu'il faut attribuer son refroidissement dans
le vide. Notre œil est pénétré par l'énergie rayonnante, et c'est pour cette raison que nous sommes capables d'apercevoir les corps chauds ; le fait même
que nous les voyons implique, nécessairement qu'ils
abandonnent leur chaleur.

L'énergie rayonnante se meut à travers l'espace
avec l'effrayante vitesse de 300,000 kilomètres par
seconde, il lui faut environ huit minutes pour se
rendre du soleil à la terre, de sorte que si l'astre qui
nous éclaire venait à s'éteindre subitement, nous aurions huit minutes de répit avant de ressentir cette ca-
tastrophe. Outre les rayons qui affectent l'œil, il en est

d'autres qui sont invisibles et qu'on désigne sous le
nom de rayons obscurs. Ainsi un corps peut ne pas
être assez chaud pour être lumineux de lui-même et
cependant se refroidir rapidement et changer sa chaleur en énergie rayonnante quoique ni l'œil ni le sens
du toucher aient le pouvoir de constater le phénomène. On le découvrira au moyen de la pile thermo-
électrique décrite à l'Art. 161. Nous reconnaissons
toute la ressemblance qui existe entre un corps chauffé
et un corps sonore. De même qu'un corps sonore
laisse échapper une partie de son énergie sonore
dans l'atmosphère qui l'entoure, de même un corps
chauffé abandonne une partie de son énergie calorifique à l'éther qui l'environne. Mais, si nous considérons les vitesses de mouvement de ces énergies à
travers leurs milieux respectifs, nous voyons qu'il
existe entre les deux une immense différence ; le son
se propage à travers l'air avec une vitesse de 330 mètres par seconde tandis que l'énergie rayonnante parcourt 300,000 kilomètres pendant le même temps.

163. *Séparation chimique.* Nous arrivons à l'énergie
qui se manifeste par la séparation chimique et semblable à celle que nous possédons lorsque nous avons
de la houille ou du carbone d'une part et de l'oxygène
de l'autre. Il est parfaitement évident que cette forme
d'énergie de position est transformée en chaleur lorsque nous brûlons le charbon ou que nous l'ob-
bligeons à se combiner avec l'oxygène de l'air ;
plus généralement, chaque fois qu'une combinaison

chimique s'effectue nous avons une production de chaleur alors même que d'autres circonstances fassent sentir leur influence et empêchent de la reconnaître.

D'après le principe de conservation, nous devrons nous attendre à un résultat : si on brûle dans des conditions données une quantité définie de carbone ou d'hydrogène, il se fera une production définie de chaleur; c'est-à-dire qu'une tonne de houille ou de coke, lorsqu'elle est brûlée, nous rendra un nombre déterminé d'unités de chaleur et pas davantage. Il est certain que nous pouvons brûler notre tonne de façon à économiser une quantité plus ou moins considérable de la chaleur produite, mais quant à la simple production de la chaleur, si la quantité et la qualité et la matière brûlée et les circonstances de la construction restent les mêmes, il faudra nous attendre à obtenir la même somme de chaleur.

164. La table suivante dressée d'après des recherches d'Andrew, et celles de Favre et Silbermann, nous indique le nombre d'unités de chaleur que nous pouvons obtenir en brûlant un kilogramme de diverses substances.

UNITÉS de CHALEUR développée par une COMBUSTION dans l'OXYGÈNE.

Substance brûlée.	Kilogrammes d'eau élevée de 1° C par la combinaison de 1 kilogramme de chaque substance.
Hydrogène	34,135
Carbone	7,990
Soufre	2,263

Substance brûlée.	Kilogrammes d'eau élevée de 1° C par la combinaison de 1 kilogramme de chaque substance.
Phosphore	5,747
Zinc	1,301
Fer	1,576
Etain	1,233
Gaz oléfiant	11,900
Alcool	7,016

165. Il existe, outre la combustion, d'autres façons d'effectuer une combinaison chimique.

Il nous suffit de plonger une lame de fer métallique dans une solution de cuivre pour constater, en la retirant, que sa surface est recouverte de cuivre. Une portion du fer s'est dissoute et a pris la place du cuivre, lequel a été précipité à l'état métallique sur le fer. Or dans cette opération, il se dégage de la chaleur; nous avons réellement brûlé ou oxydé le fer et nous possédons ainsi un moyen de ranger les métaux en commençant par celui qui donne le plus de chaleur quand on l'emploie à déplacer le métal cité à l'autre extrémité de la liste.

166. Le Dr Andrew a dressé la liste suivante d'après ce principe :

1. Zinc
2. Fer
3. Plomb
4. Cuivre
5. Mercure
6. Argent
7. Platine

Le platine peut être déplacé par un métal quelconque de la série, mais c'est en le déplaçant par le zinc que nous obtiendrons le plus de chaleur.

Nous pouvons donc avancer qu'en déplaçant une quantité définie de platine par une quantité définie de zinc, nous obtiendrons une quantité définie de chaleur. Mais supposons qu'au lieu d'exécuter cette opération d'un seul coup nous la fassions en deux. Déplaçons, par exemple, le cuivre au moyen du zinc puis le platine au moyen du cuivre. Il n'est pas possible que l'une de ces opérations soit plus avantageuse que l'autre au point de vue de la production de la chaleur. En effet, Andrew a démontré que nous ne remporterons aucune victoire sur la nature et que si nous employons d'abord notre zinc pour déplacer du fer, du cuivre ou du plomb, nous obtiendrons exactement la même somme de chaleur que si nous avions immédiatement déplacé le platine au moyen du zinc.

167. N'oublions pas de remarquer que très-généralement, l'action chimique est accompagnée d'un changement de condition moléculaire.

Ainsi un solide ou un gaz peuvent se transformer en un liquide. Quelquefois l'un de ces changements agit en opposition à l'autre en tant qu'il s'agit de la chaleur mais quelquefois aussi ils coopèrent mutuellement pour augmenter le résultat. Quand un gaz est absorbé par l'eau, il se dégage beaucoup de chaleur et nous admettons que le résultat est dû en partie à la combinaison chimique et en partie à la condensation

du gaz à l'état liquide, ce qui signifie que sa chaleur
latente est devenue sensible. D'autre part, lorsqu'un
liquide s'unit à un solide ou que deux solides s'unis-
sent mutuellement et que le produit est un liquide, il
se produit la plupart du temps une absorption de chaleur, car la chaleur rendue latente par la dissolution
du solide l'emporte sur celle qui est engendrée par la
combinaison. Les mélanges réfrigérants doivent leurs
propriétés frigorifiques à cette cause; en mélangeant
de la neige et du sel de cuisine, ces deux corps se li-
quéfient mutuellement et il en résulte de l'eau salée
dont la température est beaucoup plus basse que celle
de l'un ou l'autre des éléments qui entrent dans sa
composition.

168. En soudant des métaux hétérogènes tels que
du zinc et du cuivre, il nous semble que nous avons
une transformation d'énergie de séparation chimique
en énergie d séparation électrique. Cette hypothèse
a été formulée pour la première fois par Volta afin
d'expliquer la séparation électrique existant dans le
courant voltaïque, et, tout récemment, Sir W. Thomson
l'a nettement démontrée.

Afin de rendre manifeste cette transformation d'é-
nergie, soudons un morceau de zinc à un morceau de
cuivre. En essayant ce système au moyen d'un élec-
tromètre délicat nous trouverons le zinc électrisé positivement et le cuivre négativement. Nous sommes
donc en présence d'un cas de transformation d'une
forme d'énergie de position en une autre forme: une

certaine quantité de séparation chimique disparaîtra afin de produire une quantité égale de séparation électrique. On a ainsi l'explication du fait rappelé à l'Art. 93 où nous avons vu que dans une pile isolée dont les pôles sont maintenus séparés, l'un d'eux sera chargé d'électricité positive et l'autre d'électricité négative.

169. Quand une semblable pile est en activité, nous avons en outre une transformation de séparation chimique en électricité en mouvement, et dans le but de nous bien pénétrer de cette vérité, examinons ce qui se passe dans la pile.

Il est évident que les sources d'excitation électrique sont les points de contact du zinc et du platine où, d'après l'article précédent, nous avons production d'une séparation électrique. Mais cela seul ne suffirait pas pour donner un courant; celui-ci implique une énergie très-considérable et doit être alimenté par quelque chose. Dans la pile, nous avons deux phénomènes s'accompagnant mutuellement et évidemment reliés l'un à l'autre : en premier lieu, la combustion ou tout au moins l'oxydation et la dissolution du zinc, en second lieu, la production d'un courant puissant. Or il est clair que le premier de ces phénomènes alimente le second ou, en d'autres termes, l'énergie de séparation chimique du zinc métallique est transformée en énergie d'un courant électrique, et le zinc est virtuellement brûlé pendant la transformation.

170. Il résulte de l'ensemble de nos connaissances

actuelles que l'énergie de séparation chimique n'est
pas directement transformée en lumière et en chaleur
rayonnantes.

171. *Séparation électrique.* — L'énergie de séparation électrique est changée en énergie de mouvement
visible lorsque deux corps différemment électrisés
sont pprochés l'un de l'autre.

172. Celle-ci est en outre changée en un courant
d'électricité et enfin en chaleur quand une étincelle
jaillit entre deux corps électrisés différemment. Il
faut donc nous rappeler que lorsque nous percevons
la lueur il n'y a plus d'électricité et que nous ne
voyons que de l'air ou quelque autre matière portée
par la décharge à une température très-élevée. C'est
ainsi qu'un homme frappé par la foudre devient souvent insensible sans avoir aperçu l'éclair parce que
l'effet de la décharge sur cet homme et son effet pour
échauffer l'air peuvent être des phénomènes à très-
peu de chose près simultanés.

173. *Electricité en mouvement.* — Cette énergie est
transformée en énergie de mouvement visible lorsque
deux fils transportant des courants électriques de
sens contraire, s'attirent mutuellement. Quand par
exemple, deux courants circulaires flottent sur l'eau
et marchent tous deux comme les aiguilles d'une
montre, nous avons vu à l'Art. 100 qu'ils se rapprochent l'un de l'autre. Dans ce cas, il y a réellement
diminution de l'intensité de chaque courant aussitôt
que le mouvement s'effectue puisque nous savons

(Art. 104), qu'en faisant mouvoir un circuit en présence d'un autre circuit transportant un courant, il y a production d'un courant induit dans la direction opposée. Nous en conclurons que lorsque deux courants similaires s'approchent l'un de l'autre, chacun d'eux est diminué par l'action de cette influence inductive. En résumé une certaine portion de l'énergie du courant cesse d'exister afin qu'une portion équivalente d'énergie de mouvement visible puisse être produite.

174. L'électricité en mouvement est transformée en chaleur pendant le passage d'un courant le long d'un fil fin ou de tout autre substance mauvaise conductrice ; le fil est alors échauffé et peut même atteindre la température du rouge. Plus fréquemment, l'énergie d'un courant électrique se dépense à échauffer le fil et les autres substances qui forment le circuit. L'énergie d'un pareil courant est alimentée par la combustion ou l'oxydation du métal (en général le zinc) employé pour former le circuit, de sorte que l'effet final de la combustion est l'échauffement des divers fils et autres substances servant à transmettre le courant.

175. Nous pouvons brûler ou oxyder le zinc de deux façons : nous pouvons, ainsi que nous l'avons vu, l'oxyder dans la pile et vérifier qu'il a produit par la combustion de un kilogramme de zinc une quantité définie de chaleur. Si nous oxydons notre zinc en le dissolvant dans de l'acide placé dans un verre ordinaire, sans qu'il nous soit nécessaire de passer par

l'intermédiaire d'un courant, nous obtiendrons d'un kilogramme de zinc juste autant de chaleur que dans le cas précédent. Donc, que nous oxydions notre zinc au moyen de la pile ou par la méthode ordinaire, la quantité de chaleur produite aura toujours la même relation avec la quantité de zinc consommé ; la seule différence est que, par la méthode ordinaire, la chaleur est engendrée dans un vase contenant le zinc et l'acide, tandis qu'avec la pile elle sera capable d'apparaître à des milliers de kilomètres de distance si nous possédons un fil assez long pour transporter notre courant.

176. Nous sommes maintenant amenés à parler de la découverte de Peltier qui reconnut qu'un courant d'électricité positive passant à travers une soudure de bismuth et d'antimoine et se dirigeant du bismuth à l'antimoine semble produire du froid.

Afin de comprendre la signification de ce fait, nous le considérerons dans le rapport qu'il présente avec un courant thermo-électrique s'établissant, ainsi que nous l'avons vu à l'Art. 161, dans un circuit de bismuth et d'antimoine dont une soudure

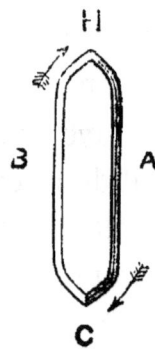
Fig. 14.

est plus chaude que l'autre. Supposons un circuit de ce genre (Fig. 14) dont les deux soudures soient, pour commencer, à la température de 100° C. Admettons que, protégeant une des soudures, nous exposions l'autre à l'air libre ; celle-ci perdra évidemment de la chaleur de sorte que la soudure garantie sera maintenant plus chaude que l'autre. Il en résultera (Art. 161) qu'un courant d'électricité positive se portera du bismuth à l'antimoine en traversant la soudure protégée.

Nous avons ici une anomalie apparente. En effet le circuit se refroidit c'est-à-dire perd de l'énergie tandis qu'en même temps, il se manifeste de l'énergie sous une autre forme et surtout sous celle d'un courant électrique qui circule le long du circuit. Il est clair qu'une certaine quantité de la chaleur de ce circuit doit être dépensée à engendrer ce courant; nous devons nous attendre à ce que le courant agisse comme une machine mue par la chaleur, avec cette seule différence qu'il produira de l'énergie de courant au lieu d'énergie mécanique, et par conséquent il se fera forcément un transport de chaleur des parties les plus chaudes aux parties les plus froides du circuit. Tel est en réalité l'effet du courant car, traversant la soudure la plus chaude dans la direction de la flèche, il la refroidit et chauffe la plus froide en C, en d'autres termes il transporte de la chaleur des parties les plus chaudes aux parties les plus froides du circuit. Il y aurait lieu d'être très-surpris si un pareil courant avait refroidi C et chauffé H, puisque nous aurions eu alors une manifestation d'énergie de courant accompagnée d'un transport de chaleur d'une substance plus froide, à une autre plus chaude, ce qui est contre le principe de l'Art. 152.

177. L'énergie d'électricité en mouvement est con-

vertie en énergie de séparation chimique lorsqu'on fait décomposer un corps par un courant d'électricité. Ce phénomène absorbant une partie de l'énergie du courant, nous donnera d'autant moins de chaleur. Supposons, par exemple, qu'en oxydant une certaine quantité de zinc dans la pile, nous obtenions dans les circonstances ordinaires, 100 unités de chaleur. Employons maintenant la pile à décomposer en même temps de l'eau : nous trouverons probablement qu'en oxydant la même quantité de zinc, nous n'obtenons plus que 80 unités de chaleur. Il est clair que les 20 unités qui manquent auront servi à décomposer l'eau. Mais si nous enflammons le mélange des gaz résultant de la décomposition, nous retrouverons précisément ces 20 unités de chaleur et rien de plus ni de moins. Nous voyons donc qu'au milieu de tous ces changements, la quantité d'énergie reste toujours la même.

178. *Energie rayonnante.* — Cette forme d'énergie est transformée en chaleur absorbée toutes les fois qu'elle tombe sur une substance opaque ; une portion est en général renvoyée par réflexion mais le reste est absorbé par le corps et par conséquent l'échauffe.

Il est curieux de se demander ce que devient la lumière rayonnante du soleil qui n'est absorbée ni par les planètes de notre système ni par les étoiles. Notre seule réponse à cette question c'est, qu'au point où en sont nos connaissances , l'énergie rayonnante qui n'est pas absorbée traverse l'espace avec une vitesse de 300,000 kilomètres par seconde.

179. Nous ne connaissons plus qu'une seule autre transformation de l'énergie rayonnante, celle qui provoque une séparation chimique. Ainsi on sait que certains rayons du soleil ont le pouvoir de décomposer le chlorure d'argent et d'autres composés chimiques. Dans tous ces cas, il se fait une transformation d'énergie rayonnante en énergie de séparation chimique. Les rayons du soleil décomposent aussi l'acide carbonique dans les feuilles des plantes, le carbone va former la fibre ligneuse tandis que l'oxygène se dégage dans l'atmosphère ; il est évident qu'une certaine proportion de l'énergie des rayons solaires est consommée à provoquer ce changement et que, par suite, nous avons un effet calorifique d'autant moindre.

Mais tous les rayons solaires n'ont pas ce pouvoir : la propriété de provoquer des changements chimiques n'appartient qu'aux rayons bleus et violets et à quelques autres qui ne sont point perceptibles à l'œil. Or ces rayons sont entièrement absents de la radiation des corps à une température relativement basse, telle que le rouge sombre, de sorte qu'il serait impossible à un photographe d'obtenir une épreuve d'un corps au rouge parce que la seule lumière de ce corps est en lui-même.

180. Les rayons actiniques ou chimiquement actifs du soleil décomposent l'acide carbonique dans les feuilles des plantes et par suite disparaissent ou sont absorbés. Cette observation explique comment un très-petit nombre de ces rayons sont ou réfléchis ou

transmis par une feuille éclairée par le soleil et pourquoi il est difficile à un photographe d'obtenir une image de cette feuille. Les rayons qui auraient produit un changement chimique sur la plaque photographique ont tous été employés par la feuille pour un usage particulier.

181. Il importe de se rappeler que, tandis que les animaux, dans l'acte de la respiration, consomment l'oxygène de l'air en le transformant en acide carbonique, les plantes, au contraire, restituent l'oxygène à l'air ; les deux règnes animal et végétal travaillent pour leur avantage réciproque et conservent la pureté de l'atmosphère.

CHAPITRE V

182. Dans le chapitre précédent, nous avons décrit les diverses transformations de l'énergie, fourni des preuves à l'appui de la théorie de la conservation et montré que cette hypothèse nous permet de grouper ensemble certaines lois connues, d'en découvrir de nouvelles; en un mot, qu'elle offre toutes les apparences de la réalité. Il serait maintenant instructif de jeter nos regards en arrière et d'essayer de suivre les progrès de cette grande conception depuis son origine chez les anciens jusqu'à son établissement et à son triomphe grâce aux travaux de Joule et d'autres savants.

183. Les mathématiciens nous apprennent que si la matière consiste en atomes ou petites parties sur lesquelles agissent des forces qui ne dépendent que des distances séparant ces parties et non de la vitesse, on peut démontrer que la loi de la conservation de l'éner-

gie se vérifiera toujours. Nous voyons donc que les conceptions relatives aux atomes et à leurs forces sont alliées à des conceptions relatives à l'énergie. Un milieu d'un genre quelconque remplissant l'espace semble nécessaire à notre théorie. Enfin on peut regarder un univers composé d'atomes séparés par l'intermédiaire d'un milieu comme étant la machine et les lois de l'énergie comme celles qui régissent le travail de cette machine. Il est possible que cette théorie des atomes ne soit pas la plus simple, mais il est probable que nous ne sommes pas encore en état de formuler une hypothèse plus générale. Il nous suffit de considérer notre propre système solaire pour y apercevoir un vaste exemple de cette conception ; les divers corps célestes s'attirent mutuellement avec des forces fonctions des distances et indépendantes des vitesses, et nous avons un certain milieu en vertu duquel l'énergie rayonnante est amenée du soleil à la terre. Peut-être ne nous trompons-nous pas de beaucoup en regardant une molécule comme représentant sur une petite échelle quelque chose d'analogue au système solaire et en comparant les divers atomes qui constituent la molécule aux divers corps de ce système. La rapide esquisse historique que nous allons tracer embrassera, en même temps que l'énergie, les progrès intellectuels et spéculatifs se rapportant aux atomes et au milieu qui les environne. D'ailleurs ces sujets sont intimement alliés aux doctrines sur l'énergie.

184. *Opinion d'Héraclite sur l'énergie.* — Héraclite,

qui enseignait à Ephèse 500 ans avant J.-C., déclara
que le feu était la grande cause et que toutes les choses étaient soumises à un flux perpétuel. Une pareille
expression sera certainement regardée comme très-
vague à notre époque si précise dans ses moindres as·
sertions et pourtant il semble évident qu'Héraclite
possédait une vive conception de l'éternelle mobilité
et de l'énergie de l'univers. Cette conception dont le
caractère se rapproche de la nôtre, est seulement un
peu moins précise que celle de nos philosophes modernes qui regardent la matière comme essentiellement dynamique.

185. *Opinion de Démocrite sur les atomes.* — Démocrite, né 470 ans avant J.-C., fut le créateur de cette
doctrine des atomes qui, reprise ensuite par John
Dalton, permit au genre humain de comprendre les
lois qui régissent les mouvements chimiques et de se
représenter les phénomènes s'accomplissant dans ces
circonstances. Il n'y a peut-être pas aujourd'hui de
doctrine qui, plus que celle des atomes, possède un
lien plus étroit avec les industries de la vie ordinaire,
et il n'y a probablement pas, chez les nations civili-
sées, un directeur intelligent d'usine de produits chimiques, qui ne soit capable de se représenter, grâce à
elle, la nature des changements qui s'effectuent sous
ses yeux. Il est bien curieux que Bacon se soit justement appuyé sur la doctrine des atomes pour établir
un des points de sa morale philosophique.

« Un mal aussi grand, dit-il, c'est que dans leurs

idées philosophiques et dans leurs contemplations, les hommes dépensent leurs labeurs à rechercher et à discuter les premiers principes des choses et les extrèmes limites de la nature, lorsque tout ce qui est utile et apte à rendre des services pratiques doit ne se rencontrer que dans ce qui est intermédiaire. C'est pour cela que les hommes continuent à pénétrer dans la nature abstraite jusqu'à ce qu'ils en arrivent à la matière potentielle et non encore formée. Ils poussent alors plus loin la division de la nature et finissent par atteindre les atomes, choses qui, à supposer même qu'elles soient vraies, ne peuvent guère servir à aider les hommes à améliorer leur destinée. »

Profitons de la leçon que nous donnent ces remarques du Père de la science expérimentale et soyons pleins de prudence avant de repousser comme essentiellement inutile une branche quelconque de connaissances ou un ordre de pensées.

186. *Opinion d'Aristote sur l'existence d'un milieu.* — Relativement à l'existence d'un milieu, Whewell observe que les anciens saisirent une lueur de l'idée d'un milieu au moyen duquel sont perçues les qualités particulières des corps telles que les couleurs et les sons ; à l'appui de son opinion, il cite le passage suivant d'Aristote.

« Dans le vide il ne peut y avoir de différence entre le haut et le bas, car dans ce qui n'est rien il ne peut y avoir de différences; il n'en existe aucune dans une privation ou une négation. »

A ce sujet, l'historien de la science fait la remarque suivante : « On voit facilement qu'une semblable façon de raisonner donne aux formes familières du langage et aux valeurs intellectuelles factices des termes la supériorité sur les faits. »

Ne pourrait-on néanmoins répliquer que nos conceptions de la matière dérivent de l'expérience familière qui nous apprend que certaines portions de l'espace nous affectent d'une certaine manière. Ne sommes-nous pas, par conséquent, en droit de dire qu'il doit y avoir quelque chose là où nous sentons par expérience un haut et un bas? Existe-t-il, après tout, une si grande différence entre cet argument et celui de nos physiciens modernes en faveur d'un plein, lorsqu'ils disent que la nature ne peut agir là où elle n'est pas?

Aristote semble encore avoir eu la notion que la lumière n'est pas un corps ou l'émanation d'un corps quelconque (ce qui la ferait en réalité une sorte de corps) et que, par conséquent, cette lumière est une énergie ou une action.

187. *Les idées des anciens étaient infécondes.* — Ces citations prouvent d'une façon évidente que les anciens avaient, dans de certaines limites, conçu l'idée de l'agitation et de l'énergie qui fait partie essentielle de la nature des choses. Ils croyaient aussi à de petites particules ou atomes et enfin à un milieu d'un genre quelconque. Cependant ces conceptions n'étaient point fécondes ; elles ne donnèrent naissance à rien de nouveau.

L'historien de la science est, sans aucun doute,
dans le vrai en reprochant aux anciens leur manque
de netteté et cette contradiction entre les idées et les
faits. Cependant nous avons vu que nos ancêtres n'é-
taient pas complétement ignorants des principes les
plus profonds et les plus intimes de l'univers matériel. Dans le grand hymne chanté par la Nature, on
entendit de bonne heure les notes fondamentales,
mais il fallut de longs siècles d'attente et de patience
avant que l'oreille exercée du musicien habile pùt
apprécier la puissante harmonie qui l'entourait. Peut-
être les efforts des anciens étaient-ils comparables aux
esquisses d'un enfant qui tàche de montrer grossière-
ment les contours d'un édifice, tandis que les conceptions du physicien de nos jours se rapprochent davantage de celles de l'architecte ou de celles de l'homme
qui a réalisé, au moins dans une certaine mesure,
les vues de l'architecte.

188. Les anciens possédaient beaucoup de génie et
une vigoureuse puissance intellectuelle, mais ils fai-
blissaient lorsqu'il s'agissait de conceptions physiques ; leurs idées étaient par conséquent infécondes.
On ne peut dire, qu'à notre époque, nous laissions à
désirer pour de pareilles conceptions ; néanmoins on
se demanderait volontiers s'il n'y a point en nous une
tendance à nous précipiter vers l'extrême opposé et à
pousser à l'excès nos conceptions sur la nature. Prenons garde de tomber dans Charybde en voulant
éviter Scylla. L'univers possède plus d'un point

de vue et il est possible qu'il y ait des régions qui refuseront de céder leurs trésors aux physiciens les plus audacieux armés seulement de kilogrammes, de mètres et de chronomètres.

189. *Idées de Descartes, de Newton et de Huyghens sur l'existence d'un milieu.* — Dans les temps modernes, Descartes, l'inventeur de l'hypothèse des tourbillons, supposa nécessairement l'existence d'un milieu remplissant les espaces interplanétaires ; d'autre part, il fut l'un des créateurs de cette idée qui considère la lumière comme une série de particules projetées d'un corps lumineux. Newton conçut aussi l'existence d'un milieu ; mais il devint ensuite l'avocat de la théorie de l'émission. C'est à Huyghens qu'appartient l'honneur d'avoir le premier établi la théorie des ondulations de la lumière avec une netteté suffisant à rendre compte de la double réfraction. Après lui, Young, Fresnel et leurs successeurs donnèrent de vastes développements à cette théorie et lui permirent d'expliquer les phénomènes les plus compliqués et les plus merveilleux.

190. *Opinion de Bacon sur la chaleur.* — Quelle que soit l'opinion qu'on puisse se faire de ses arguments, Bacon semble clairement avoir reconnu la nature de la chaleur et l'avoir considérée comme une sorte de mouvement. « D'après ces exemples examinés dans leur ensemble ou individuellement, dit-il, la nature dont la chaleur est la limite semble être le mouvement. » Plus loin il ajoute : « Mais lorsque nous prétendons que le mouvement n'est qu'un genre

de chaleur, nous entendons non pas que la chaleur engendre le mouvement ou que le mouvement engendre la chaleur, bien que ces deux interprétations puissent être vraies dans quelques cas, nous voulons dire que la chaleur considérée dans son essence est du mouvement et rien autre chose. »

Il fallut pourtant environ trois siècles avant que la véritable théorie de la chaleur fût suffisamment enracinée pour devenir une hypothèse féconde.

191. *Principe des vitesses virtuelles*. — Dans un des chapitres qui précèdent, nous avons parlé en détail des travaux relatifs à la chaleur exécutés par Davy, Rumfort et Joule. Si Galilée et Newton ne saisirent pas la nature dynamique de la chaleur, ils eurent cependant une conception nette des fonctions d'une machine. Le premier vit que ce que nous gagnons en puissance nous le perdons en espace parcouru, le second alla plus loin et comprit qu'une machine abandonnée à elle-même est strictement bornée dans la somme de travail qu'elle peut accomplir, quoique son énergie soit susceptible de varier de l'énergie de mouvement à celle de position et réciproquement, d'après les lois géométriques de la mécanique.

192. *Apparition des vraies conceptions relatives à la chaleur*. — Il est, selon nous, hors de question que l'immense développement des opérations industrielles qui s'est accompli à notre époque a indirectement fait avancer nos conceptions sur le travail. L'humanité ne manque jamais de faire tous ses efforts pour échapper

autant qu'il lui est possible à un travail pénible. Jadis ceux qui avaient la puissance possédaient des esclaves travaillant pour eux, mais déjà même le maître devait donner un équivalent quelconque pour le travail accompli. A considérer les choses à leur point de vue le moins élevé, un esclave est une machine, il doit être nourri, et, en outre, il est susceptible de devenir une machine très-dangereuse si on ne le traite pas convenablement. Les grands perfectionnements introduits par Watt dans la machine à vapeur ont peut-être fait autant pour améliorer le sort du travailleur que l'abolition de l'esclavage. Le travail pénible du monde a été mis sur des épaules de fer qui ne fléchissent pas; il en est résulté une vaste extension de l'industrie et une grande amélioration de la position des classes inférieures de la société. Mais si nous avons transféré le travail pénible aux machines, il importe de savoir ce qu'il faut demander à une machine : à quel prix pouvez-vous travailler, combien de travail pouvez-vous faire en un jour? En résumé, il est nécessaire d'avoir sur le travail l'idée la plus claire possible.

D'après cela, nos lecteurs comprendront que les hommes ont peu de chances de se tromper dans leur méthode pour apprécier le travail. Les principes sur lesquels se base cette mesure ont été pour ainsi dire scellés dans le cœur et dans l'esprit de l'humanité. Pour celui qui fait usage du travail de l'homme ou des machines, l'emploi d'une fausse méthode de mesure implique tout simplement la ruine, il est donc pro-

bable qu'il fera les plus grands efforts pour le déterminer avec exactitude.

193. *Mouvement perpétuel.* — Parmi la foule des
travailleurs essayant de fuir la malédiction du travail,
il s'élève parfois un enthousiaste qui s'efforce d'échapper par un artifice à cette insupportable tyrannie.
Pourquoi ne pas construire une machine susceptible
de fournir un travail illimité sans qu'il soit nécessaire
de l'alimenter d'une façon quelconque ? La nature possède un défaut à sa cuirasse, il doit sûrement y avoir
un moyen de la prendre par surprise ; elle n'est tyran-
nique qu'en apparence et pour mieux stimuler notre
ingéniosité, mais elle cédera à la persistance du
génie.

Que répondra l'homme de science à cet enthousiaste ? Il ne peut lui dire qu'il est entièrement familier avec toutes les forces de la nature et qu'il est
capable de prouver l'impossibilité du mouvement perpétuel ; — en réalité, il ne connaît que peu de chose
sur ces forces. Mais il pense qu'il a pénétré l'esprit et
les desseins de la nature, et par suite, il nie immédiatement la possibilité d'une pareille machine. Il nie
avec intelligence et met sa négation sous la forme
d'une théorie lui permettant de découvrir de nombreuses et précieuses relations entre les propriétés de
la matière, il énonce les lois de l'énergie et le grand
principe de la conservation.

194. *Théorie de la conservation.* — Nous avons
donné une esquisse rapide de l'histoire de l'énergie et

des problèmes qui s'y rattachent en remontant jusqu'à l'aurore de la période strictement scientifique. Nous avons vu que la stérilité des premières vues qu'on s'était formées était attribuable à un manque de clarté scientifique, il ne nous reste plus qu'à dire quelques mots au sujet de la théorie de la conservation.

Ici encore, la voie a été indiquée par deux savants, Grove en Angleterre et Mayer en Allemagne, qui montrèrent certaines relations entre les diverses formes d'énergie; citons aussi le nom de Séguin. Cependant, c'est à Joule qu'appartient l'honneur d'avoir établi la théorie sur une base indiscutable, car c'est surtout dans ce cas que la spéculation doit être soumise à l'épreuve sans appel de l'expérience. La grandeur du principe est telle, son importance est si considérable qu'il faut tout le feu du génie joint au patient labeur de l'expérimentateur scientifique pour forger le minerai brut et en fabriquer l'arme qui fraiera la route à travers tous les obstacles jusqu'à la citadelle où s'enferme la Nature et déchirera les voiles dont elle entoure ses plus profonds secrets.

Immédiatement après les travaux de Joule, viennent ceux de William et James Thomson, Helmholtz, Rankine, Clausius, Tait, Andrews, Maxwell qui, avec plusieurs autres savants, ont fait avancer la question. Tandis que Joule accordait sa principale attention aux lois qui règlent la transformation de l'énergie mécanique en chaleur, Thomson, Rankine et Clausius s'occupaient plus spécialement du problème inverse se rapportant à la transformation de la chaleur en énergie mécanique. Thomson, plus particulièrement, attaqua le problème avec tant de vigueur, en partant de ce point de vue, qu'il finit par se rendre maître d'un principe dont l'importance le cède à peine à celui de la conservation de l'énergie. Nous allons en parler sans plus tarder.

195. *Dissipation de l'énergie.* — Joule, avons-nous dit, prouva cette loi d'après laquelle le travail peut se transformer en chaleur; Thomson et d'autres, celle d'après laquelle la chaleur est susceptible de se changer en travail. Thomson observa qu'il y avait entre ces deux lois une différence des plus importantes et des plus significatives; le travail se transforme en chaleur avec la plus grande facilité, mais il n'est pas de méthode, au pouvoir de l'homme, permettant de retransformer *toute* la chaleur en travail. Le phénomène n'est pas réciproque, et il en résulte que l'énergie mécanique de l'univers se change chaque jour de plus en plus en chaleur.

On voit aisément que si le phénomène était réciproque, il ne serait pas impossible d'atteindre une forme de mouvement perpétuel. En effet, sans essayer de créer de l'énergie par une machine, il suffirait, pour obtenir un mouvement perpétuel, de trouver les moyens d'utiliser les vastes provisions de chaleur placées dans tous les corps qui nous entourent et à les convertir en travail. Il est évident que, soit

par le frottement, soit autrement, ce travail finirait
tôt ou tard par se changer encore en chaleur. Or, si le
phénomène est réciproque, la chaleur pourrait encore
se convertir en travail, et ainsi de suite indéfiniment.
La non-réciprocité arrête ce raisonnement. Je puis
me convaincre par moi-même, en frottant un bouton
de métal sur un morceau de bois, de la facilité avec
laquelle le travail peut se convertir en chaleur; mais
mon esprit est incapable de me suggérer une méthode
quelconque au moyen de laquelle la chaleur pourrait
se convertir de nouveau en travail.

Si ce phénomène s'effectue, et toujours dans une
même direction, son résultat est hors de doute. L'é-
nergie mécanique de l'univers se transformera de
plus en plus en chaleur universellement diffuse, et
celui-ci finira par ne plus être une demeure habitable
pour des êtres vivants.

La conclusion est frappante. Pour la rendre plus
claire encore, étudions les diverses formes d'énergie
utile aujourd'hui à notre disposition et tâchons en
même temps de nous rendre compte des sources dernières de ces provisions

196. *Energies naturelles et leurs sources.* — Nous possédons les variétés suivantes d'énergie en repos : (1)
Énergie du combustible, (2) de la nourriture, (3) d'une
masse d'eau à un niveau élevé, (4) celle qui peut se
tirer des marées, (5) l'énergie de réparation chimique
existant dans le soufre natif, le fer natif, etc.

Relativement à l'énergie en mouvement nous avons

les deux variétés principales suivantes : — (1) Energie
de l'air en mouvement, (2) énergie de l'eau en mouvement.

197. *Combustible*. — Commençons par l'énergie du
combustible. Nous pouvons évidemment brûler du
combustible ou l'obliger à se combiner avec l'oxygène
de l'air, et nous sommes ainsi pourvus de vastes quantités de chaleur à une haute température, au moyen
desquelles nous nous chauffons, nous cuisons nos
aliments, nous faisons marcher nos machines mues
par la chaleur et en résumé, que nous employons
comme une source de puissance mécanique.

Il y a deux espèces de combustible : le bois et la
houille ; si nous considérons leur origine, nous voyons
qu'ils sont produits par les rayons du soleil. Ainsi que
nous l'avons remarqué (Art. 180), certains de ces rayons
décomposent l'acide carbonique dans les feuilles des
plantes, mettent en liberté l'oxygène tandis que le carbone sert à fabriquer la structure ou le bois de la plante.
L'énergie de ces rayons se dépense pendant le phénomène et il n'en reste même pas une quantité suffisante
pour produire une bonne photographie de la feuille
d'une plante, car elle se dépense tout entière à faire
du bois.

L'énergie enfermée dans le bois provient donc des
rayons du soleil ; la même remarque s'applique à la
houille. Il n'y a entre le bois et la houille qu'une différence d'âge, l'un vient à peine de sortir du labora-
toire de la nature, tandis que des milliers d'années

nous séparent de l'époque où la houille constituait les feuilles de plantes vivantes.

198. Nous sommes donc parfaitement autorisés à dire que l'énergie du combustible provient des rayons du soleil [1] ; le charbon est la provision préparée par la nature pour nous servir en quelque sorte de capital, tandis que le bois est notre précaire revenu annuel.

Nous sommes aujourd'hui tout à fait dans la position d'un jeune héritier qui vient de recevoir sa fortune et qui, non content de son revenu, dépense rapidement son fonds. Cette analogie nous a été prouvée de la façon la plus nette par le professeur Jevons : il a remarqué que non-seulement nous dépensions notre capital, mais que nous étions même en train d'en gaspiller la portion la plus utile et la plus précieuse. En effet nous employons maintenant le charbon supérieur; mais un temps viendra où il s'épuisera et nous serons obligés d'aller chercher nos provisions dans les profondeurs du sol. Considérées en tant que source d'énergie, ces provisions, si elles sont situées profondément, seront forcément moins efficaces car il faudra en déduire la somme d'énergie nécessaire pour les amener à la surface du sol. Il en résulte que nous devons prévoir un temps, quelque éloigné qu'il soit, où nos provisions de houille seront épuisées et où nous serons forcés de chercher d'autres sources d'énergie.

---

1. Ce fait semble avoir été connu à une époque relativement récente par Herschel et l'aîné des Stephenson.

199. *Aliments.* — L'énergie des aliments est analogue à celle du combustible et sert à des besoins similaires. Le combustible peut être employé soit à produire de la chaleur soit à exécuter du travail; les aliments ont de même un double rôle à remplir. Tout d'abord, par leur oxydation graduelle, ils maintiennent la température du corps; en second lieu, ils font naître cette énergie qui se dépense à produire du travail. Un homme ou un cheval travaillant beaucoup ont besoin de manger plus que s'ils restaient oisifs; un prisonnier condamné au travail forcé exige plus de nourriture que celui qui reste enfermé et immobile, un soldat doit absorber plus d'aliments en temps de guerre qu'en temps de paix.

Nos aliments dérivent du règne animal ou du règne végétal. Dans le second cas, ils tirent immédiatement de l'énergie des rayons du soleil, dans le premier cas la seule différence est que l'aliment a passé par le corps d'un animal avant de nous parvenir; l'animal a mangé de l'herbe et nous avons mangé l'animal. En résumé nous employons l'animal non seulement comme variété d'aliment nutritif mais aussi afin de nous permettre d'utiliser indirectement des produits végétaux tels que l'herbe, que la condition actuelle de nos organes digestifs ne nous permet pas d'employer directement.

200. *Eau à un niveau élevé.* — L'énergie d'une masse d'eau, de même que celle du combustible et des aliments, résulte des rayons du soleil. Le soleil vaporise l'eau qui après s'être condensée sur les terres élevées devient alors utilisable. Remarquons seulement que le combustible et les aliments sont dus à la puissance actinique (chimique) des rayons du soleil, tandis que l'évaporation et la condensation de l'eau sont plutôt produites par leur effet calorifique.

201. *Energie des marées.* — L'énergie provenant des marées a une origine différente. A l'Art. 133, nous nous sommes efforcés de montrer le mode d'action de la lune sur les portions fluides de notre globe et comment il en résulte un arrêt, très-lent, de l'énergie de rotation de la terre. Il nous faut donc considérer ce mouvement de rotation comme étant l'origine de l'énergie utilisable dérivée des machines mues par les marées.

202. *Soufre natif, etc.* — La dernière variété d'énergie de position utilisable comprise dans notre liste est celle qui se trouve dans le soufre natif, le fer natif, etc. M. Tait, auquel nous devons cette méthode de passer en revue nos forces, a remarqué que cette variété est peut-être celle qui a existé primitivement, et il est possible que l'intérieur de la terre soit entièrement constitué de matière sous cette forme incombinée. Du reste, elle ne possède aucune importance en tant que source d'énergie utilisable.

203. *Air et eau en mouvement.* — Nous passons à ces genres d'énergie utile qui représentent le mouvement; les plus importants sont ceux de l'air en mouvement et de l'eau en mouvement. C'est à cause du premier

que le marin déploie sa voile et conduit son vaisseau d'un point à un autre de la surface terrestre, que le moulin à vent moud notre blé. Toutefois l'eau en mouvement est peut-être encore plus employée que l'air comme source de puissance motrice. Ces deux variétés d'énergie sont dues sans aucun doute à l'effet calorifique des rayons du soleil. Nous pouvons par conséquent affirmer qu'à l'exception de l'appoint absolument insignifiant fourni par le soufre natif, etc., et le petit nombre de moulins mus par les marées qui peuvent exister, toute notre énergie utilisable provient du soleil.

204. *Le soleil considéré comme source de chaleur à une haute température.* — Dirigeons pour un moment notre attention sur le soleil, cette merveilleuse source d'énergie.

Cet astre constitue un vaste réservoir de chaleur à haute température, et cette sorte d'énergie supérieure a toujours été très-recherchée. On a fait autant de tentatives pour fabriquer une lumière perpétuelle que pour construire un mouvement perpétuel, avec cette seule différence que, dans un cas, on supposait l'intervention d'un pouvoir magique et que dans l'autre on croyait pouvoir recourir à l'habileté mécanique.

Walter Scott fait allusion à cette croyance en décrivant le tombeau de Michael Scott qui renferme une lumière perpétuelle. Le moine qui a enseveli le magicien dit à William de Deloraine :

« Debout, guerrier, que la croix rouge se dirige vers le tombeau du puissant mort ; là resplendit une merveilleuse lumière destinée à mettre en fuite les esprits qui aiment la nuit. Cette lampe brûlera sans jamais s'éteindre jusqu'au moment où sonnera l'heure de l'éternité. »

Et quand le tombeau est ouvert, le poète continue :

« J'aurais voulu que vous fussiez là pour voir comment la lumière jaillit dans toute sa gloire ; elle ruisselle jusqu'au toit du sanctuaire et se répand au loin à travers les galeries ; jamais flamme terrestre ne s'élança plus brillante. »

Aucune flamme terrestre — le poète avait raison. — Sur cette terre, la lumière et toutes les autres formes d'énergie supérieure sont essentiellement fugitives.

205. *Impossibilité d'une lumière perpétuelle.* — Nos lecteurs comprendront immédiatement que lumière perpétuelle et mouvement perpétuel sont deux noms donnés à la même idée puisque nous pouvons toujours de la chaleur à haute température faire sortir de l'énergie visible. C'est ce que nous accomplissons en réalité chaque jour dans nos machines mues par la chaleur. Quand nous brûlons du charbon et que nous l'obligeons à se combiner avec l'oxygène de l'air, ce phénomène nous fournit une vaste provision de chaleur à haute température. Mais ne serait-il pas possible de prendre l'acide carbonique qui résulte de la combustion et, par le moyen de la chaleur à basse

température que nous avons toujours en abondance à notre disposition, de le retransformer en carbone et en oxygène? Tout cela pourrait se faire si ce qu'on nomme la température de dissociation, c'est-à-dire la température à laquelle l'acide carbonique se sépare en ces éléments, était peu élevée ou si des rayons provenant d'une source à basse température possédaient un pouvoir chimique suffisant pour décomposer l'acide carbonique. Il n'en est point ainsi. La nature ne se laisse pas surprendre par un pareil stratagème. Comme si c'était pour mettre un terme à toutes ces spéculations, les températures de dissociation des substances analogues à l'acide carbonique, sont toutes très-élevées, et les rayons chimiques capables de causer leur décomposition n'appartiennent qu'à des sources dont la température est excessivement haute, le soleil par exemple [1].

206. *Le soleil est-il une exception?* — Nous pouvons donc considérer comme démontré qu'une lumière perpétuelle tout comme un mouvement perpétuel est une impossibilité; nous avons à nous demander si le même argument s'applique à notre soleil, ou si on doit faire une exception en sa faveur. Le soleil dépend-il de lui-même ou ne s'agit-il pour lui que d'une question de temps comme pour tous les autres exemples de chaleur à haute température? Avant d'essayer de répondre à cette question, recherchons l'origine probable de la chaleur du soleil.

1. Cette remarque est due à sir William Thomson.

207. *Origine de la chaleur du soleil.* — Certaines personnes seraient volontiers disposées à trancher d'un seul coup le nœud gordien et à affirmer que l'astre qui nous éclaire a été créé chaud dès l'origine ; cependant un esprit scientifique répugne à admettre cette assertion. Nous ramassons un galet arrondi sur le bord de la mer et nous reconnaissons immédiatement qu'une certaine cause physique lui a donné sa forme. Il en est de même pour la chaleur du soleil ; il faut nous demander s'il n'existe pas une cause, non complétement imaginaire, mais que nous savons ou qu'au moins nous soupçonnons d'être peut-être encore en activité et capable d'expliquer la chaleur du soleil.

Or il est plus aisé de montrer ce qui ne peut pas expliquer la chaleur du soleil que ce qui peut le faire. Ainsi nous sommes parfaitement certains que celle-ci n'a pas été produite par une action chimique. La théorie la plus probable est celle de Helmholtz et de Thomson [1] qui attribuent la chaleur du soleil à l'énergie de position possédée dès l'origine par ses particules. En d'autres termes on suppose que ces particules, d'abord à une grande distance les unes des autres, mais douées de la force de gravitation, se sont ensuite graduellement rapprochées, et que ce phénomène a engendré de la chaleur tout comme en engendrerait une pierre tombant du sommet d'un rocher sur la terre.

1. Mayer et Waterston semblent avoir été les premiers à saisir les rudiments de cette idée.

208. Cette explication n'est pas complétement imaginaire, et nous avons lieu de croire qu'elle peut être
encore en activité pour certaines nébuleuses; leur
constitution, telle qu'elle est révélée par le spectros-
cope, et leur apparence générale font naître dans l'esprit de l'observateur l'idée qu'elles ne sont pas encore
condensées et n'ont pas acquis leurs formes et leurs
dimensions dernières.

Si nous admettons que le soleil a obtenu ainsi ses
merveilleux dépôts de puissante énergie, nous avons
encore à nous demander jusqu'à quel point cette opération s'effectue encore au moment actuel. Est-elle
une chose du passé ou du présent ? Nous pouvons, je
pense, répondre que le soleil ne se condense pas très-
rapidement, à ne considérer du moins que l'intervalle
des temps historiques. Si le soleil avait été jadis sensiblement plus grand qu'il ne l'est aujourd'hui, son
éclipse totale par la lune aurait été impossible. Or de
telles éclipses ont certainement eu lieu depuis plusieurs
milliers d'années. Il n'y a point de doute qu'une nuée
de météores ne tombe sur le soleil et ne tende à àug-
menter ainsi sa chaleur; toutefois le résultat dérivé de
cette source doit être fort insignifiant. Mais si le soleil, actuellement, ne se condense pas assez vite pour
tirer de ce phénomène une quantité suffisante de
chaleur, et s'il ne reçoit du dehors que peu d'énergie,
il en résulte nécessairement qu'il se trouve dans la
situation d'un homme dont les dépenses dépassent le
revenu. Il vit sur le capital et doit forcément parta-

ger le sort de l'héritier prodigue. Il nous faut donc
prévoir une période future où il sera plus pauvre en
énergie qu'à présent et une période plus reculée encore où il cessera absolument de briller.

209. *Destinée probable de l'univers.* — Si tel est l'a-
venir de l'énergie à haute température de l'univers,
pensons à ce qu'il en adviendra de l'énergie visible
de celui-ci. Nous avons déjà parlé d'un milieu remplissant l'espace et dont le rôle semble être d'arrêter
et finalement d'éteindre tout mouvement différentiel
absolument comme il tend à réduire et finalement à
égaliser toute différence de température. L'univers
finirait donc par devenir une masse échauffée, absolument inutile au point de vue de la production du
travail, puisque cette production dépend de la différence de température.

Il y a, par conséquent, quoique dans un sens strictement mécanique, conservation d'énergie, et cependant, au point de vue de l'utilité et de l'intérêt des
êtres vivants, l'énergie de l'univers est en voie de
destruction. La chaleur universellement diffusée constitue ce que nous pouvons appeler l'amas des matériaux de rebut de l'univers et cet amas s'augmente
d'année en année. A l'époque actuelle il n'a pas une
grande importance, mais qui peut assurer qu'il n'arrivera pas un temps où nous aurons pratiquement
conscience de son accroissement ?

210. Dans ce chapitre, nous avons considéré l'univers non comme un ensemble de matière, mais comme

un agent énergique, en quelque sorte comme une lampe. Thomson a appuyé sur cette remarque et a observé que, puisque l'univers est un système qui a eu un commencement, il doit avoir une fin, parce qu'un phénomène de détérioration ne peut être éternel. Si nous pouvions considérer l'univers comme une lampe non allumée, il serait peut-être admissible de le regarder comme ayant toujours existé ; mais si nous le considérons comme une lampe allumée, nous devenons absolument certains qu'il ne peut brûler de toute éternité, et qu'un temps viendra où il cessera de brûler. Nous sommes donc amenés à remonter à un commencement où les particules de matière étaient dans un état de chaos diffus mais douées du pouvoir de gravitation, pour aboutir à une fin où l'univers tout entier ne sera plus qu'une masse inerte, également échauffée, et d'où auront complétement disparu toute vie, tout mouvement et toute beauté.

CHAPITRE VI

PLACE DE LA VIE DANS L'UNIVERS

211. Nous nous sommes jusqu'à présent presque entièrement bornés à une discussion des lois de l'énergie en tant qu'elles affectent la matière inanimée et nous n'avons pris que peu ou point en considération ce qui concerne la vie. Nous nous sommes presque contentés de rester spectateurs du débat et nous avons semblé oublier que nous étions tous intéressés dans son résultat. Or ce conflit n'est pas de ceux qui admettent des spectateurs, c'est une lutte universelle où nous devons tous tenir notre place. Essayons donc, dans la mesure de nos forces, de nous rendre compte de notre véritable position.

212. *Double nature de l'équilibre.* — Une des premières leçons que nous a donnée la mécanique est celle de la double nature de l'équilibre. L'équilibre peut être stable ou instable, et un œuf nous permet de

nous rendre aisément compte de ce fait. Prenons une table bien d'aplomb et déposons sur elle un œuf; nous savons tous la façon dont il reposera. Il demeurera en repos, c'est-à-dire il sera en équilibre et même en équilibre stable. Pour le prouver, essayons de le déplacer avec le doigt et nous verrons que, dès que nous cesserons notre pression, il reviendra promptement à sa première position et après une ou deux oscillations, il se remettra en repos. Il a d'ailleurs fallu une dépense sensible d'énergie pour le déplacer. C'est cet ensemble de faits que nous énonçons en disant que l'œuf est en équilibre stable.

213. *Instabilité mécanique.* — Essayons maintenant de poser l'œuf sur son plus grand axe. Il est probable qu'une attention suffisante nous permettra d'arriver à ce résultat. Mais l'opération est difficile, elle exige une grande délicatesse de toucher, et même après un succès, nous ignorons combien de temps cet état se continuera. La plus légère impulsion du dehors, un souffle d'air, suffira pour renverser l'œuf qui évidemment est cette fois en équilibre instable. Si l'œuf est ainsi posé sur le bord de la table, il est fort probable qu'il tombera sur le plancher; il y a pour ainsi dire chance égale pour lui de tomber sur le sol ou sur la table. Il est clair que la pure chance n'a rien à faire là-dedans, et que les mouvements ne sont pas sans une cause, qu'ils sont décidés par une impulsion extérieure infiniment légère, au point d'être absolument en dehors de notre pouvoir d'observation. Avant d'exécuter notre tentative, nous avons soigneusement écarté tout courant d'air, toute imperfection de niveau, toute influence extérieure de quelque genre qu'elle soit, de sorte qu'au moment où l'œuf tombe, nous sommes incapables d'assigner l'origine de l'impulsion qui a causé son mouvement.

214. Si l'œuf tombe de la table sur le plancher, il y a une transformation assez considérable d'énergie, car l'énergie de position, due à la hauteur où l'œuf se trouvait sur la table, s'est entièrement et tout d'un coup changée d'abord en énergie de mouvement et ensuite en chaleur au moment du contact avec le sol. Mais lorsque l'œuf tombe sur la table, la transformation d'énergie est relativement petite.

Nous voyons ainsi qu'une impulsion extérieure si infime qu'elle échappe à notre observation suffit pour que l'œuf tombe sur le sol et donne naissance à une transformation d'énergie relativement grande ou bien qu'il tombe sur la table et ne crée qu'une transformation relativement petite.

215. *Instabilité chimique.* — Un corps ou un système en équilibre instable peut devenir sujet à une transformation d'énergie très-considérable et provenant d'une cause ou d'un antécédent excessivement minime. Dans le cas que nous venons de citer, la force est celle de la gravitation puisque l'arrangement est d'instabilité mécanique visible. Mais nous pouvons avoir une substance, un système, où la force en œuvre soit non pas la pesanteur, mais l'affinité chimi-

que, de sorte que la substance, ou le système, dans des conditions particulières, deviendront chimiquement instables.

Dire qu'une substance est chimiquement instable signifie que la plus légère impulsion d'une espèce quelconque est susceptible de déterminer en elle un changement chimique, absolument comme dans le cas de l'œuf la moindre cause extérieure occasionne un déplacement mécanique.

Enfin, une substance ou un système chimiquement instables ont avec l'affinité chimique un rapport à peu près semblable à celui qu'un système mécaniquement instable possède relativement à la pesanteur. La poudre à canon est un exemple connu de tous d'une substance chimiquement instable. La plus faible étincelle peut être le précurseur d'un brusque changement chimique accompagné de la génération instantanée et violente d'un immense volume de gaz échauffé. Les divers composés explosibles tels que le coton-poudre, la nitro-glycérine, les fulminates sont autant d'exemples de structures chimiquement instables.

216. *Deux variétés de machines.* — Quand nous parlons d'une structure, d'une machine ou d'un système, nous entendons simplement un certain nombre de particules possédant chacune leur individualité et associées ensemble pour produire un certain résultat déterminé. Ainsi le système solaire, un chronomètre, un fusil sont des machines inanimées, tandis qu'un animal, un être humain, une armée, sont des struc-

tures ou machines animées. Ces structures ou machines sont de deux genres différant l'un de l'autre, non-seulement par le but à atteindre mais aussi par les moyens leur servant à atteindre ce but.

217. En premier lieu, nous avons des structures ou machines qui ont pour objet une action systématique, dans lesquelles tous les arrangements sont de nature conservatrice et où les éléments d'instabilité sont évités autant qu'il est possible. Le système solaire, un chronomètre, une machine à vapeur en activité sont de pareilles machines et leur caractère général est la calculabilité. L'astronome habile est en état de fixer avec la plus complète précision la place qui sera occupée par la lune ou par la planète Vénus à une heure déterminée de l'année prochaine. L'excellence d'un chronomètre consiste dans ses diverses aiguilles se dirigeant exactement vers une certaine direction après un certain intervalle de temps. Nous pouvons de même être assurés qu'un steamer fera tant de nœuds à l'heure, en supposant du moins que les conditions extérieures ne changeront pas. Dans tous ces cas, nous faisons nos calculs et nous ne sommes pas trompés : le but proposé est la régularité d'action et on y arrive au moyen d'un arrangement stable des forces de la nature.

218. Le caractère de l'autre classe de machines est précisément l'inverse. Chez elles le but qu'on se propose est une transformation d'énergie non pas régulière, mais soudaine et violente, et les moyens em-

ployés sont des arrangements instables des forces
naturelles. Un fusil armé muni d'une gachette très-
sensible est un excellent exemple d'une pareille machine, car la plus légère pression extérieure amène
l'explosion de la poudre et la propulsion de la balle
avec une très-grande vitesse. Ces machines sont éminemment caractérisées par leur incalculabité.

219. Pour rendre notre idée bien claire, supposons
deux chasseurs allant chasser ensemble, chacun muni
d'un bon fusil et d'une bonne montre. Après une jour-
née de fatigue, l'un d'eux se tourne vers son compa-
gnon et lui dit : « Il est maintenant six heures à ma
montre, reposons-nous ; » sur quoi l'autre regarde à sa
montre, et il est aussi surpris qu'indigné contre l'hor-
loger s'il ne constate pas, lui aussi, qu'il est six heures. Leurs montres sont évidemment dans le même
état et ont exécuté le même travail. Mais que dire de
leurs fusils? Etant donné l'état de l'un d'eux, est-il
possible, par un calcul quelconque, d'en déduire l'état
de l'autre? Cette seule supposition est absurde.

220. Nous voyons donc que, relativement à l'énergie,
ces structures sont de deux sortes. Dans les unes, l'objet en vue est la régularité d'action obtenue à l'aide
d'un arrangement stable des forces naturelles, au lieu
que dans les autres, on cherche la liberté de l'action et
une brusque transformation d'énergie résultant d'un
arrangement instable des forces naturelles. La première série de machines est caractérisée par la calculabilité, la seconde par l'incalculabilité; la première

une fois en activité est difficilement mauvaise, l'autre
est caractérisée par une grande délicatesse de construction.

221. *Un animal est une machine délicatement construite.* — Peut-être le lecteur fera-t-il une objection à
l'exemple du fusil que nous venons de prendre. En
effet, bien que cette arme soit une machine délicatement construite, elle ne représente pas, par exemple,
cette extrême délicatesse d'un œuf en équilibre, sur
son grand axe. Même complètement armé et avec la
détente la plus délicate possible, le fusil, nous en
sommes certains, ne partira pas de sa propre volonté.
Quoique son objet soit de produire une soudaine et
violente transformation d'énergie, cependant celle-ci
doit être précédée par l'application d'une somme d'é-
nergie, minime il est vrai, sur la gachette, et si cette
somme n'est pas dépensée, le fusil ne partira pas. La
construction est certainement délicate, mais elle ne
s'est pas élevée à la hauteur de l'incalculabilité, et
c'est seulement lorsqu'elle est entre les mains du
chasseur que l'arme deviendra une machine sur l'état
de laquelle nous ne pouvons plus baser de calculs.

En faisant cette remarque, nous définissons la position du chasseur lui-même dans l'univers de l'énergie.
Le fusil est délicatement construit mais cette délicatesse peut être surpassée; le chasseur et le fusil pris
ensemble constituent une machine de délicatesse in-
surpassable : donc le chasseur lui-même est une pareille machine. Nous commençons par conséquent à

voir qu'un être humain ou même un animal d'une
espèce quelconque est réellement une machine d'une
délicatesse pratiquement infinie dont nous sommes
absolument incapables de prédire la condition ou les
mouvements.

N'y a-t-il pas absurdité évidente dans l'idée seule
qu'un homme puisse devenir capable de calculer ses
propres mouvements ou même ceux de ses semblables?

222. *La vie ressemble au généralissime d'une armée.*
— Prenons maintenant une autre analogie. Supposons une guerre faite par une nombreuse armée con-
duite par un généralissime très-habile. Ce chef connaît trop bien son rôle pour s'exposer ; en réalité, il
n'est jamais aperçu par aucun de ses subordonnés :
il travaille dans une chambre bien gardée d'où par-
tent des fils télégraphiques se rendant aux quartiers
généraux des diverses divisions. A l'aide de ces fils, il
peut transmettre ses ordres aux généraux commandant les divisions et à son tour recevoir les informations qu'ils lui donnent sur leur condition respective.

Ainsi le grand quartier-général devient un centre
où toutes les informations arrivent et d'où sortent
tous les ordres.

Cette chose mystérieuse appelée vie, et sur la nature de laquelle nous savons si peu, n'est pas sans
quelque ressemblance avec ce généralissime. La vie
n'est pas une sorte de furieux, bondissant à travers
l'univers, renversant les lois de l'énergie dans toutes
les directions; c'est un stratégiste consommé qui,

assis dans sa demeure cachée, devant ses fils, dirige les mouvements d'une grande armée [1].

223. Supposons que notre armée exécute une marche rapide et cherchons la cause de ce mouvement. Nous trouvons en premier lieu que chaque colonel a donné à son régiment l'ordre de marcher, nous apprenons ensuite que des officiers d'état-major attachés aux généraux des diverses divisions ont porté ces ordres aux colonels, et finalement, que l'ordre d'avancer a été télégraphié du grand quartier-général à chacun des généraux.

Reportons-nous maintenant à nous-mêmes. C'est probablement quelque part dans la chambre mystérieuse et si bien gardée du cerveau que se donne la touche délicate qui détermine nos mouvements. Cette chambre constitue en quelque sorte le grand quartier-général du généralissime, si bien caché qu'il est absolument invisible à tous ses subordonnés.

224. Joule, Carpenter et Mayer connaissaient, il y a longtemps, les restrictions sous l'empire desquelles sont placés les animaux relativement aux lois de l'énergie et en vertu desquelles la puissance d'un animal par rapport à l'énergie est non pas créative mais seulement directive. On a vu que pour accomplir du travail, un animal doit être nourri. A une époque plus

1. Voyez un article sur *La Place de la vie* par M. Balfour Stewart, le numéro de septembre 1868 du Macmillan's Magazine, article de M. J. N. Lockyer, et enfin une *Lecture sur les développements récents de la Physique cosmique*, par M. Balfour Stewart. 'Revue scientifique, 1ʳᵉ année, 2ᵉ série, nᵒ 4, 22 juillet 1871.]

récente, Rumford remarqua qu'il y a plus d'économie à donner une tonne de foin à un cheval et à obtenir de ce cheval une somme de travail, qu'à brûler ce foin pour chauffer une machine.

225. Nous avons, dans ce chapitre, mené un peu plus loin cet ordre de pensée. Nous avons vu que la vie est associée à des machines délicatement construites, de sorte que toutes les fois qu'une transformation d'énergie est exécutée par un être vivant, si nous pouvions revenir à l'origine de l'événement, nous trouverions que l'antécédent physique a été probablement une transformation beaucoup moins considérable dont, à son tour, l'antécédent est probablement encore moindre et ainsi de suite aussi loin que nous puissions remonter.

226. Mais avec tout cela, nous ne prétendons pas avoir découvert la véritable nature de la vie elle-même, ni la véritable nature du rapport qu'elle présente avec l'univers matériel. Tout ce que nous avons avancé dans notre assertion, c'est que, autant que nous pouvons en juger, la vie est toujours associée à un appareil mécanique d'un certain genre en vertu duquel une touche directrice excessivement délicate finit par être assez augmentée pour devenir une transformation d'énergie très-considérable. Nous avons peine à imaginer que la liberté de mouvement impliquée dans la vie existe indépendamment d'un appareil mécanique doué d'une très-grande délicatesse de construction.

Nous n'avons pas réussi à résoudre le problème
relatif à la véritable nature de la vie, nous avons seulement amené la difficulté à une limite enveloppée
d'une profonde obscurité que la lumière de la science
a été incapable de percer.

227. *Les tissus organisés doivent dépérir*. — Nous
avons appris ainsi deux choses : d'abord que la vie
est associée à la délicatesse de construction, puis
(Art. 220) que la délicatesse de construction implique
un arrangement instable de forces naturelles. Nous
observerons que la force particulière ainsi employée
par les êtres vivants, est l'affinité chimique. Nos corps
sont en réalité des exemples d'un arrangement instable de forces chimiques, et les matériaux qui les
composent, s'ils ne sont pas sujets à une explosion
brusque comme la poudre à canon, sont éminemment sujets à dépérir.

228. Il y a là plus qu'une simple remarque générale ; c'est une vérité qui admet des degrés en vertu
de laquelle les parties de nos corps qui ont pendant
la vie le rôle le plus noble et le plus délicat à remplir
sont les premières à disparaître lorsque la vie s'é-
teint.

« C'est sur les yeux que la mort exerce surtout sa
puissance, elle chasse les esprits de leur trône de
lumière ; elle plonge leurs globes azurés dans leur
longue'et dernière éclipse, et cependant elle épargne
encore le charme répandu sur les lèvres. »

Ainsi parle le poète, et dans l'image qu'il nous donne d'un homme qui cesse de vivre, il nous offre une fidèle interprétation de la nature.

229. *Différence entre les animaux et les machines inanimées.* — Nous reconnaissons la différence qui existe entre les rapports relatifs à l'énergie d'un être vivant, tel qu'un homme, et d'une machine comme une machine à vapeur.

L'un et l'autre ont entre eux plus d'un point commun : tous deux ont besoin d'être alimentés, et chez tous deux il se fait une transformation de l'énergie de séparation chimique impliquée dans le combustible et les aliments, en énergie de chaleur et de mouvement visible. Mais tandis que la machine n'exige pour s'alimenter que du carbone ou quelque autre variété de séparation chimique, l'être vivant demande à être fourni de tissu organisé. Cette délicatesse de construction, si essentielle à notre bonne condition, n'est point quelque chose que nous puissions élaborer dans l'intérieur de notre organisme; tout ce que nous pouvons faire, c'est d'approprier et de nous assimiler ce qui nous vient du dehors; cela est déjà présent dans la nourriture que nous absorbons.

230. *La vie dépend, en dernier ressort, du soleil.* — Nous avons déjà été amenés (Art. 203) à considérer le soleil comme la source matérielle finale de toute l'énergie que nous possédons; il nous faut maintenant le regarder aussi comme la source de toute notre délicatesse de construction. Il faut l'énergie de ses

rayons à haute température pour manier et manipuler les puissantes forces de l'affinité chimique, pour équilibrer les diverses forces les unes par rapport aux autres, pour produire dans le végétal ce quelque chose qui doit nous donner à nous-mêmes non-seulement l'énergie, mais encore la délicatesse de construction.

La chaleur à basse température serait absolument incapable d'accomplir cette action ; elle consiste en vibrations de l'éther qui ne sont pas assez rapides et en vagues qui ne sont pas suffisamment courtes pour ébranler et écarter les uns des autres les éléments des molécules composées.

231. On voit ainsi que les animaux dépendent de plus d'une façon des faveurs du soleil, et ces exemples qui d'abord semblent être des exceptions, ne serviront qu'à confirmer la règle si on les étudie suffisamment. Ainsi les recherches récentes de M. W. B. Carpenter et de M. Wyville Thomson nous ont révélé l'existence d'êtres très-petits habitant les parties les plus profondes de l'Océan où nous pouvons être sûrs que n'ont jamais pénétré les rayons du soleil. Comment donc ces êtres peuvent-ils recevoir cette énergie et cette délicatesse de construction sans lesquelles ils seraient incapables de vivre ; en d'autres termes de quels aliments se nourrissent-ils ?

Les mêmes naturalistes qui ont découvert l'existence de ces créatures nous ont dernièrement donné une explication très-vraisemblable de ce mystère. Ils pensent que tout l'Océan contient une quantité très-petite, quoique pourtant perceptible, de matière organique formant, pour employer leur propre expression, une sorte de soupe très-diluée qui sert d'aliment.

232. Le moment est venu de formuler notre conclusion. Nous dépendons du soleil, centre de notre système, non-seulement pour l'énergie de nos corps, mais pour notre délicatesse de construction ; l'avenir de notre race est attaché à l'avenir du soleil. Nous avons vu que le soleil a eu un commencement et qu'il doit avoir une fin. Si nous généralisons, nous regarderons non-seulement notre propre système, mais tout l'univers matériel considéré au point de vue de l'énergie utilisable, comme essentiellement transitoire et comme embrassant une succession d'événements naturels qui ne peuvent se continuer indéfiniment tels qu'ils sont. Mais alors nous en arrivons à des matières placées au-delà de notre portée. La science de la nature ne peut nous apprendre ce qui a été avant le commencement ni ce qui sera après la fin.

APPENDICE

MÉMOIRE DE M. P. DE SAINT-ROBERT

QU'EST-CE QUE LA FORCE?

Il y a peu de mots dont l'emploi soit aussi fréquent et la signification aussi multiple que celui de *force*. Depuis le savant qui cherche à soumettre les forces de la nature et à les faire servir au profit de l'humanité, jusqu'au manœuvre qui gagne son pain au moyen de sa force musculaire, tous ont à chaque instant le mot *force* sur les lèvres, en lui attribuant tantôt un sens, tantôt un autre.

Si dans le langage ordinaire le mot *force* a une signification multiple, on devrait au moins ne lui attribuer dans le langage scientifique qu'une signification parfaitement déterminée. Malheureusement il n'en est pas ainsi et même en mécanique, où ce mot est fondamental, il reçoit une triple acception. En effet, dans cette science, on considère la force tantôt comme une pression ou une traction exprimable en kilogrammes [1], tantôt comme une vitesse qui s'exprime en mètres [2], tantôt enfin comme un travail, c'est-à-dire comme un poids soulevé à une certaine hauteur, qu'on exprime en kilogrammètres [3].

Cette multiplicité d'acceptions du même mot est fort regrettable, car c'est de là que viennent toutes les difficultés qu'éprouvent les commençants à saisir le véritable esprit de la mécanique.

Nous pensons que quelques considérations sur ce sujet ne seront pas dépourvues d'utilité.

I

On définit ordinairement la force en disant que « c'est la cause quelconque qui met un corps en mou- « vement, ou seulement qui tend à le mouvoir, lors- « que son effet est suspendu ou empêché par une « autre cause » [4].

Cette définition est beaucoup trop vague. En effet,

1. Une force quelconque peut toujours être mesurée par un poids, et en conséquence évaluée en nombres au moyen de l'unité de poids. (Delaunay, *Traité de mécanique rationnelle*. Paris, 1856, p. 118.)
2. La force n'étant connue que par l'espace qu'elle fait décrire dans un temps déterminé, il est naturel de prendre cet espace pour sa mesure. (Laplace, *Mécanique céleste*, t. I, p. 15.)
3. Dans les arts, on a toujours dit et l'on dira toujours : La force d'un courant d'eau, d'une machine, d'un cheval. (D'Aubuisson, *Traité d'hydraulique*, p. 334.) Quand on se sert dans le langage ordinaire du mot *force*, ce mot représente presque toujours un travail.
4. Poisson, *Traité de mécanique*, t. I, p. 2.

« quelle idée nette », dit Carnot[1], « peut présenter à
« l'esprit, en pareille matière, le nom de *cause?* Il y a
« tant d'espèces de causes! Et que peut-on entendre
« dans le langage précis des mathématiques par une
« *force*, c'est-à-dire par une *cause* double ou triple
« d'une autre?... Ces causes sont-elles la volonté ou
« la constitution physique de l'homme ou de l'animal
« qui par son action fait naître le mouvement? Mais
« qu'est-ce qu'une volonté double ou triple d'une
« autre volonté, ou une constitution physique capable
« d'un effet double ou triple d'une autre ? »

Le défaut capital de la définition généralement
adoptée est de s'appliquer à une quantité de choses
diverses. Par exemple, lorsqu'un corps en mouvement
en rencontre un autre en repos, il le met en mouvement ; il est la cause de ce mouvement. Donc, d'après
la définition, un corps en mouvement est une force.

Un corps abandonné à lui-même se met en mouvement : il tombe. La cause qui le fait tomber et qu'on
appelle *pesanteur*, est donc une force. Cette force agit
toujours sur le corps, même lorsqu'il est suspendu
ou déposé sur un appui. La force qui détermine la
pression exercée sur l'appui est-elle de même nature
que la force d'un corps en mouvement?

Lorsqu'un obstacle arrête un corps en mouvement,
il est la cause qui modifie le mouvement : donc, cet
obstacle est une force.

---

1. *Principes de l'équilibre et du mouvement,* préface, p. xii, édit.
de 1803.

Nous pourrions multiplier les exemples pour faire
ressortir combien la définition ordinaire du mot *force*
est indéterminée.

Pour se délivrer du vague inhérent au mot *cause*, il
faut préciser l'effet par lequel la force doit s'estimer :
car nous ne connaissons les forces que par les effets
qu'elles produisent, et nous n'avons aucune notion
sur leur nature.

Nous allons examiner ce qui se passe lorsqu'un
corps se met en mouvement. C'est un fait d'expérience
qu'un corps ne peut se donner du mouvement à lui-
même, c'est-à-dire que, s'il est en repos, il ne saurait
en sortir de lui-même, et que s'il est en mouvement
il ne pourrait s'arrêter ni modifier son mouvement
sans l'intervention de quelque cause étrangère.

C'est en cela que consiste la loi de l'*inertie*.

Quand un corps change son état de repos ou de
mouvement, il ne le fait jamais que par l'action de
quelque autre corps, auquel il fait éprouver réciproquement un changement analogue, mais en sens
opposé.

Par exemple, lorsqu'un corps en mouvement vient
à rencontrer un autre corps, les deux corps se com-
priment mutuellement, et la vitesse de l'un passe
pour ainsi dire dans l'autre, tant que l'un conserve
une vitesse supérieure à celle de l'autre. Il arrive un
instant où ces corps ont acquis la même vitesse et
marchent ensemble, du moins pendant un temps très-
court. Après cela, ils pourront se séparer en vertu de

l'énergie plus ou moins grande de leur élasticité, qui tend à leur faire reprendre la forme primitive. Mais si les corps sont dépourvus d'élasticité, ou si, après le choc, ils restent fixés l'un à l'autre, alors ils marcheront ensemble avec la même vitesse. C'est ce qui arrive, par exemple, quand une balle lancée contre un pendule balistique y demeure enfoncée.

Pendant que les deux corps, animés de vitesses différentes, réagissent l'un sur l'autre, il naît aux points de contact une pression qui agit en poussant le second corps, et une autre pression égale et contraire qui agit en repoussant le premier corps, c'est-à-dire qu'un corps pousse l'autre autant qu'il en est repoussé.

C'est en cela que consiste la loi de *réaction égale et contraire à l'action.*

La poussée, l'action d'un corps sur un autre et la réaction du second sur le premier, sont mesurables à chaque instant par des poids.

Il est tout naturel d'appliquer la dénomination de *force* à cette pression qui naît entre les deux corps pendant qu'ils réagissent l'un sur l'autre, pression sans laquelle il ne pourrait y avoir de communication de mouvement. En effet, la notion de cette force qui se manifeste au contact des deux corps nous est très-familière; elle nous est acquise par l'expérience de tous les instants, cette force étant analogue à la pression née de notre contact avec les corps qui nous environnent.

Nous voyons apparaître la force toutes les fois qu'il

y a transmission du mouvement d'un corps à un autre ; cependant il se présente des cas où la force apparaît sans que les corps se touchent. La pesanteur, l'électricité, peuvent modifier les mouvements des corps sans que nos organes puissent nous faire saisir quelque liaison matérielle interposée entre le mobile et la cause qui agit mystérieusement sur ce mobile.

Des penseurs qui n'admettent pas qu'il puisse y avoir d'autres forces que celles qui s'exercent entre des corps en contact expliquent la gravité et toutes les attractions et répulsions par l'action de l'éther, matière subtile qui remplit tout l'espace [1].

Quelle que soit la cause de ces actions à distance, les effets auxquels elles donnent lieu ne diffèrent pas des effets que produisent les forces naissant de la réaction des corps qui se touchent. Ainsi, l'effort que nous exerçons pour empêcher un corps de tomber, l'effort que nous exerçons pour empêcher un morceau de fer de s'approcher d'un aimant, sont autant de forces semblables à celle dont nous avons conscience lorsque nous déplaçons un corps.

Toutes les forces, qu'elles reçoivent le nom de *pression*, de *tension*, d'*attraction*, ou de *répulsion*, sont de même nature, en ce sens qu'elles peuvent se mesurer toutes par des poids.

---

1. Voyez, à ce propos : *Discours sur la cause de la pesanteur*, par C. H. D. Z. (Chrétien Huyghens de Zuylichem). A Leyde, chez Pierre Vander A a, MDCXC. — Le Sage (Georges-Louis), *Lucrèce newtonien* (*Mém.*, Berlin, 1782). — Secchi, *l'Unité des forces physiques. Essai de philosophie naturelle*. Paris, 1869.

Elles obéissent toutes à la loi de la réaction égale à l'action. Ainsi, la terre attire un corps autant qu'elle en est attirée, et lorsqu'un corps tombe vers la terre, cette dernière tombe de même vers lui.

Si l'on envisage la force comme une pression ou une tension, toutes les forces deviennent de même nature et numériquement comparables, quelle que soit la différence des agents qui les font naître.

Nous définirons donc la force comme étant *la pression ou la tension qui agit sur un corps pour en modifier l'état de repos ou de mouvement* [1].

On peut objecter à cette définition que nous prenons l'effet pour la cause. A cela nous répondrons que les causes primordiales ne nous sont point connues, et que nous n'en connaissons que les effets, qui à leur tour deviennent des causes secondaires, et que c'est seulement celles-ci que nous pouvons concevoir.

La mécanique ne considère point les causes premières des pressions qui déterminent les mouvements ; elle se borne à établir une relation entre ces pressions et les mouvements qui en résultent, quelque diverse que puisse être l'origine de la pression, soit qu'elle provienne des contractions musculaires d'un animal, ou de l'attraction d'un centre, ou du

---

1. Cette acception de force s'accorde avec la valeur étymologique du mot. En effet, *force* vient du bas latin *fortia*, *fortia* dérive du latin *fortes*. Or, le *for* de *fortes* correspond, d'après les lois de transformation, à la racine indo-européenne DHAR, tenir, soutenir. Ainsi, la valeur étymologique de force serait ce qui tient, ce qui soutient. (*Voyez* CORSSEN, *Krit. Beitr.* 42, *Ausspr.* 1, 149.) (Note de 1874.)

choc d'un corps, ou de la dilatation d'un fluide élastique.

Ayant défini la force comme une pression, il nous faut chercher maintenant la loi qui lie la force, exprimée en kilogrammes, à la vitesse exprimée en mètres. C'est un point délicat de la mécanique qu'il importe de bien éclaircir, parce qu'il laisse souvent des nuages dans l'esprit.

Nous devons invoquer ici un autre principe qu'on peut énoncer de la manière suivante : *Une force agit sur un point matériel qui est en mouvement et sollicité par des forces quelconques, absolument comme si elle était seule et comme si le point était en repos.*

Ce principe, dont la première notion est due à Galilée, et qu'on appelle principe de l'*indépendance de l'effet des forces*, forme, avec les deux autres principes de l'inertie et de l'égalité de l'action et de la réaction, le fondement de toute la science mécanique.

Ces principes ou lois de la nature ne sauraient être démontrés *à priori*. On doit les considérer comme des postulats dont l'exactitude est rendue incontestable *à posteriori* par l'accord des conséquences qu'on en tire avec les faits observés, surtout en astronomie.

Pour appliquer le principe de l'indépendance des effets des forces, considérons deux points matériels égaux soumis à deux forces inégales, l'une, 2F, double de l'autre, désignée par F. Si les deux points, d'abord en repos, étaient soumis à deux forces F égales et parallèles et dirigées dans le même sens, ces deux points marcheraient d'un mouvement commun et seraient en repos l'un relativement à l'autre. Mais si l'un des points reçoit en outre, dès l'instant du départ, l'action d'une seconde force F, il prendra, par rapport à l'autre point, au bout d'un temps quelconque, une vitesse relative égale à la vitesse absolue que la force unique F imprime à l'autre point dans le même temps. Donc, le point sollicité par la force 2F possède à un instant quelconque une vitesse double de celle du point sollicité par la force F.

On verra de même que la force triple 3F imprime dans le même temps trois fois plus de vitesse que la force F.

Si les forces sont dans le rapport des deux nombres m et n, ou représentées par mF et nF, les vitesses imprimées dans le même temps seront proportionnelles aux forces, c'est-à-dire qu'elles seront comme m à n.

Si nous désignons par le mot *accélération* l'accroissement que reçoit la vitesse dans l'unité de temps, nous pourrons énoncer le théorème suivant : *Les forces sont proportionnelles aux accélérations qu'elles impriment au même point matériel.*

On peut de là passer à la définition de la *masse*, autre quantité dont la conception n'est pas toujours claire.

En vertu de la proportionnalité des forces aux accélérations, on a, pour un corps quelconque, l'équation

$$F = m\,G.$$

G étant l'accélération qu'imprime la force F, m un coefficient constant pour un même corps. Ce coefficient varie naturellement quand on passe d'un corps à un autre ; sa valeur numérique dépend à la fois de l'unité de force et de l'unité de longueur ; mais, ces unités une fois choisies, F et G sont représentés par des nombres, et alors la valeur numérique de m est déterminée.

On est convenu de nommer *masse* ce coefficient, qui est égal au rapport

$$\frac{F}{G}$$

D'après cela, deux corps ont la même masse lorsque, soumis à l'influence d'une même force, ils acquièrent des vitesses égales dans des temps égaux. L'un aura une masse double, triple, etc., de l'autre, s'il exige une force double, triple, etc., pour prendre une même accélération.

La définition qu'on donne quelquefois de la masse comme étant la *quantité de matière* n'est pas suffisante, à moins qu'on n'ajoute que cette quantité se mesure par la force nécessaire pour procurer au corps une certaine accélération.

Les masses sont comparables entre elles. Dans la mécanique céleste on rapporte toutes les masses à la masse du soleil prise pour unité ; mais dans la mécanique terrestre il n'y a pas, à proprement parler, d'unité de masse, pas plus qu'il n'y a d'unité de poids spécifique ou d'unité de vitesse. En effet, l'adoption d'unité implique nécessairement la liberté du choix. Or, une masse est absolument déterminée dès que l'unité de force et l'unité de longueur sont fixées, de sorte qu'il n'y a plus d'unité de masse.

De même qu'on ne dit pas que l'unité de poids spécifique est le poids spécifique d'un corps pesant 1 kilogramme sous l'unité de volume, ni que l'unité de vitesse est la vitesse d'un corps qui parcourt 1 mètre en une seconde, on ne doit pas dire non plus que l'unité de masse est la masse qui, sollicitée pendant une seconde par une force constante égale à 1 kilogramme, acquerrait une vitesse de 1 mètre par seconde.

Pour connaître la masse d'un corps, il suffit d'une expérience qui constate l'accélération qu'il prend sous l'action d'une force connue.

Cette expérience nous est fournie par la chute des corps terrestres dans le vide. On sait que la pesanteur communique dans un même lieu, à tous les corps, une même accélération g. Si l'on désigne par P le poids d'un corps, l'équation générale donnée plus haut devient alors

$$P = mg,$$

g étant une constante dont la valeur, à la latitude de 45 degrés et au niveau de la mer, a été trouvée égale à $9^m,80604$ (Bessel).

Puisque dans un même lieu l'accélération g est la même pour tous les corps, il résulte de l'équation ci-dessus que les masses des corps sont proportionnelles à leur poids; mais il faut se garder de confondre la masse avec le poids. En effet, le poids varie d'un lieu à un autre, tandis que la masse reste absolument constante dans toutes les circonstances, parce que la valeur de g varie proportionnellement à P.

Il nous est facile actuellement de calculer l'accélération que prend un corps sous l'influence d'une force donnée.

En effet, le poids de ce corps divisé par g fera connaître sa masse m, et l'on obtiendra ensuite l'accélération cherchée en divisant par m le nombre de kilogrammes qui mesure la force.

La formule

$$F = mG$$

permet de résoudre toutes les questions que l'on peut se proposer sur le mouvement des corps en ligne droite.

La quantité G, étant la vitesse acquise pendant l'unité de temps, est égale au très-petit accroissement de vitesse dv que la force imprime au corps pendant le temps infiniment petit dt, divisé par ce même temps, c'est-à-dire qu'on a

$$G = \frac{dv}{dt}$$

D'ailleurs, la vitesse est égale à l'élément de l'espace ds, divisé par l'élément de temps dt, c'est-à-dire qu'on a

$$v = \frac{ds}{dt}$$

On en tire

$$F = m\,\frac{dv}{dt} = m\,\frac{vdv}{ds}$$

et par conséquent

$$\int Fdt = mv - mv_0,$$

$$\int Fds = \frac{1}{2}\,mv^2 - \frac{1}{2}\,mv_0{}^2.$$

L'intégrale

$$\int Fdt$$

s'appelle l'*impulsion* de la force F pendant le temps *t*. Le produit *mv* s'appelle la *quantité de mouvement* du corps dont la masse est *m* et dont la vitesse est *v*.

D'après cela la première équation signifie que l'accroissement de la quantité de mouvement pendant un certain temps est égale à l'impulsion pendant le même temps.

L'intégrale

$$\int Fds$$

s'appelle le *travail* de la force F le long du chemin *s*. La quantité *mv²* a été appelée longtemps, et s'appelle encore le plus communément la *force vive* du corps dont la masse est *m* et la vitesse *v* ; mais, du moment qu'on attache au mot *force* le sens d'une pression ou d'une traction exprimable en kilogrammes, on ne peut plus se servir du mot *force* pour désigner une quantité complexe *mv²*, laquelle, mise sous la forme

$$p\,\frac{v^2}{2g}$$

serait, non une force, mais le produit d'une force par une longueur. Nous préférons la dénomination proposée par M. Belanger, et nous appellerons *puissance vive* la quantité

$$\frac{1}{2} mv^2 \text{ (1)}.$$

La seconde équation s'énonce, d'après cela, comme il suit : L'accroissement de la puissance vive d'un corps qui se déplace est égal au travail de la force pendant le déplacement.

Si l'on prend le kilogramme pour unité de force, la seconde sexagésimale pour unité de temps, le mètre pour unité de longueur, il s'en suit que l'impulsion s'exprimera en kilogrammes-secondes, et le travail en kilogrammètres. Nous ferons remarquer ici, de même que nous l'avons fait plus haut relativement à la masse, qu'à proprement parler il n'y a pas d'unité d'impulsion ni de travail, parce que ni le kilogramme-seconde ni le kilogrammètre ne sont arbitraires, comme ils devraient l'être si c'étaient de véri-

---

1. Les deux dénominations d'*impulsion* et de *puissance vive* ont été proposées et employées par M. Belanger, dans ses excellents traités de mécanique, où sans luxe de formules analytiques, il expose avec clarté et rigueur les principes de la mécanique. Nous ne pouvons nous empêcher de conseiller ces traités (*Cours de mécanique, ou Résumé des leçons sur la dynamique, la statique et leurs applications a l'art de l'ingénieur*, Paris, 1847; — *Traité de la dynamique d'un point matériel*, Paris, 1864; — *Traité de la dynamique des systèmes matériels*, Paris, 1866) aux jeunes gens voulant acquérir des idées justes sur une science qui laisse souvent des nuages dans l'esprit. Nous y avons puisé largement pour écrire cet article, particulièrement en ce qui concerne la dispute sur les forces vives.

tables unités, mais qu'ils dépendent d'autres quantités prises pour unités.

Les deux équations précédentes vont nous permettre d'éclaircir une question sur laquelle on a beaucoup disputé dans la première moitié du xviii⁰ siècle. Il s'agissait de savoir quelle était la mesure de la force des corps en mouvement. Selon Descartes, Newton, Euler, etc., la force d'un corps en mouvement doit se mesurer par la quantité de mouvement ; Leibnitz, Jean Bernouilli, etc., prétendaient qu'elle est proportionnelle à la force vive.

Les Cartésiens alléguaient à l'appui de leur opinion que, si deux corps non élastiques viennent directement à la rencontre l'un de l'autre avec des vitesses inversement proportionnelles à leurs masses, leur choc mutuel les réduit au repos. Donc, concluaient-ils, ces deux corps, avant leur rencontre, ont des forces égales et contraires qui se trouvent finalement détruites.

Les Leibnitziens s'appuyaient sur l'expérience suivante : Qu'on laisse tomber une boule métallique creuse d'une certaine hauteur sur une matière molle où elle puisse s'enfoncer ; qu'on double, après l'avoir retirée, son poids en la chargeant de grenailles, et qu'on la laisse tomber sur la même matière d'une hauteur moitié de celle dont elle est tombée la première fois, on reconnaîtra que l'enfoncement produit est le même. L'effet étant le même dans les deux cas, on en concluait que dans les deux cas la force du corps était la même au moment où il rencontrait la matière molle. Or, les carrés des vitesses de corps qui tombent de diverses hauteurs sont proportionnels aux hauteurs de chute. Donc, disait-on, pour que deux corps en mouvement aient des forces égales, il faut que les carrés des vitesses soient inversement proportionnels aux masses.

Toute la difficulté de cette controverse venait de ce qu'on n'avait pas préalablement défini l'objet du débat en disant ce qu'on entendait par force d'un corps en mouvement.

Un corps en mouvement abandonné à lui-même n'exerce ni ne reçoit aucune force, et si l'on se demande quelle est la force qui a produit son mouvement, ou quelle est celle qui l'anéantirait, cette question est indéterminée. La force peut être d'abord supposée, soit variable, soit constante. Si l'on admet, pour simplifier, qu'elle est constante, cela ne suffit pas pour en calculer la valeur : il faut encore prendre en considération un temps ou un espace, soit le temps qu'a duré l'action de la force, soit l'espace qu'a parcouru le mobile sous l'action de la force.

Si l'on considère le temps, la solution du problème est donnée par la première des équations précédentes, qui devient dans ce cas

$$F t = m v.$$

Si l'on considère l'espace, la solution est donnée par la seconde équation, qui devient dans ce cas présent

$$F s = \frac{1}{2} m v^2.$$

Ainsi, les philosophes qui, comme Descartes, me-
suraient la force d'un corps par la masse multipliée
par la vitesse, nommaient *force* la quantité complexe
F*t* que nous appelons *impulsion*, laquelle est égale à la
quantité de mouvement. Ceux qui, comme Leibnitz,
prenaient pour mesure de la force le produit de la
masse par le carré de la vitesse donnaient le nom de
force à la quantité complexe F*s* que nous appelons
travail, qui est égale à la moitié du produit de la
masse par le carré de la vitesse.

Si, de deux corps qui vont directement à la rencontre l'un de l'autre, on veut savoir lequel des deux
entraînera l'autre, il faut considérer le produit F*t*, numériquement égal à la quantité de mouvement, parce
que l'action des corps l'un sur l'autre dure le même
temps. S'il s'agit de savoir lequel des deux péné-
trera davantage dans un corps mou, il faut considérer le produit F*s*, numériquement égal à la moitié
du produit de la masse par le carré de la vitesse,
parce que la pénétration correspond à un espace parcouru.

On voit par là que la fameuse dispute se réduit à une
pure question de mots, comme d'Alembert l'a fait voir
dès 1743. En effet, « les deux partis, dit-il, sont en-
« tièrement d'accord sur les principes fondamentaux
« de l'équilibre et du mouvement. Qu'on propose le
« même problème de mécanique à résoudre à deux
« géomètres dont l'un soit adversaire et l'autre par-
« tisan des forces vives, leurs solutions, si elles sont

« bonnes, seront toujours parfaitement d'accord [1]. »

Il arrive ici à peu près comme dans la controverse entre les matérialistes et les spiritualistes. Bien que divisés sur l'existence de l'âme et de Dieu, ils conviennent pourtant tous s'ils sont sincères de la même morale, et pensent également qu'il ne peut y avoir de bonheur pour l'homme que dans la pratique rigoureuse de la vertu.

Longtemps on a admis, et quelques personnes admettent encore aujourd'hui, qu'il existe dans la nature deux espèces de forces, les unes supposées sans durée et capables de produire dans les corps des changements brusques de vitesse sans les faire passer par les états intermédiaires, les autres agissant sans interruption, d'une manière continue, et ne produisant par conséquent un effet sensible qu'après un temps appréciable. On appelait les premières *forces instantanées* ou de *percussion*, les dernières *forces accélératrices*.

Nous avons fait voir qu'une force constante est égale à la quantité de mouvement qu'elle produit, divisée par le temps employé à le produire : d'où il résulte que, pour une même quantité de mouvement produit, la force est d'autant plus grande que la durée de son action est moindre, et qu'il n'y a qu'une force infinie qui puisse produire une quantité déterminée de mouvement dans un temps infiniment court.

On voit par là combien est contraire à une saine

---

1. D'Alembert, *Traité de dynamique,* édit. de 1758, p. XXIII du Discours préliminaire.

physique la conception des forces instantanées. C'est
pour cela qu'elle a été repoussée par Poncelet, par
Coriolis, etc. Cependant on la trouve encore dans
quelques-uns de ces petits traités de mécanique, d'ordinaire assez médiocres, qu'on met en tête des traités
de physique. De là naissent toutes sortes de difficultés
et d'obscurités.

Il arrive de lire, par exemple, qu'un corps lancé
dans le vide est soumis à l'action de deux forces, savoir : la force de *projection*, qui est une force instantanée, et la force de la *pesanteur*, qui est une force ac-
célératrice, et que c'est en vertu de ces deux forces
que le corps décrit sa parabole.

Cela n'est pas exact : dès que le corps a reçu sa vitesse initiale par la main ou par l'explosion d'une
charge de poudre, ou par tout autre moyen, la force
qui l'a poussé cesse, et il n'est plus soumis qu'à une
force égale à son poids, si l'on fait abstraction de la
résistance de l'air.

C'est la même erreur que commettent ceux qui attribuent le mouvement d'une planète autour du soleil
à l'action de deux forces : la force de projection de la
planète et la force d'attraction du soleil.

Plusieurs auteurs de *Mécanique*, parmi lesquels l'il-
lustre Poncelet, emploient l'expression de *force d'i-
nertie*.

Dans leur manière de voir, une force ne peut modifier l'état de repos ou de mouvement d'un corps
sans faire naître aussitôt une résistance égale et op-

posée, qui est la force d'inertie. C'est ce que nous appelons la *réaction du corps*.

L'introduction d'une telle force, dont l'action ne se fait sentir qu'autant qu'une force effective agit sur le corps, nous paraît au moins inutile sinon dangereuse, parce qu'elle complique le langage et prête à l'équivoque en laissant croire que l'inertie est une force.

Dans les corps, il n'y a aucune résistance aux forces, car la moindre force qui agirait seule sur un corps quelconque le mettrait en mouvement. Le coup d'aile d'un moucheron mettrait en mouvement une lourde voiture de roulier si toutes les résistances étaient annulées. La seule différence qui existe entre une grande et une petite force, c'est que la seconde, pour imprimer la même vitesse à un corps, doit agir beaucoup plus longtemps que la première.

Par exemple, si huit chevaux peuvent imprimer dans une seconde de temps une vitesse de 1 mètre à une voiture pesant 10 000 kilogrammes, une souris attelée à la même voiture ne parviendrait à lui imprimer la même vitesse de 1 mètre qu'après un nombre de secondes égal au rapport de la force de traction des huit chevaux à la force de la souris. Il est bien entendu qu'on fait abstraction de la résistance du terrain et des divers frottements, car autrement la souris ne parviendrait jamais à ébranler la voiture.

Il nous paraît que la conception de la force d'inertie ne peut avoir pour résultat que de faire naître l'idée inexacte, qui a déjà duré bien assez longtemps, qu'il y a dans les corps en mouvement une force résidente, *vis insita*, qui est à chaque instant la cause actuelle du mouvement, ce qui n'est pas, si l'on attache au mot *force* l'idée d'un effort, d'une pression ou d'une traction.

La force est non la cause subsistante de tout mouvement existant, mais la cause qui modifie tout mouvement variable.

II

Nous allons maintenant parler d'une signification du mot *force* qui tient peut-être le premier rang dans le langage vulgaire. On entend à tout moment dire la *force d'une chute d'eau*, la *force de la poudre à canon*, etc. Qu'est-ce qu'on entend par *force* dans ces locutions et dans une foule d'autres analogues ?

Assurément on n'entend point parler ici d'une pression ou d'une traction qui puisse être exprimée en kilogrammes. Le sens qu'on attache au mot *force*, dans ces phrases, est celui de *disponibilité de travail*, c'est-à-dire de la quantité de travail qu'on peut retirer d'un agent quelconque.

Considérons, par exemple, un réservoir d'eau placé à une certaine hauteur. Si l'on en fait tomber l'eau sur des roues hydrauliques, ou si on la fait agir sur des machines à colonne d'eau, on en retire un certain travail qu'on peut employer à moudre du blé ou à tout autre usage. Un kilogramme de poudre représente

un travail qu'on peut utiliser pour faire éclater un rocher ou imprimer une très-grande vitesse à un boulet.
Dans ces cas et dans une infinité d'autres analogues,
on appelle *force* la capacité de travail. Or, comme le
travail s'exprime en·kilogrammètres, la mesure de
force doit être donnée en kilogrammètres.

Si nous ne voulons pas nous exposer à confondre la
force envisagée à ce point de vue avec la force qui se
mesure en kilogrammes, il est nécessaire de lui donner un nom différent. En Angleterre, on a commencé
à employer à cet effet le mot *énergie*, qu'on distingue
en *énergie potentielle* et en *énergie actuelle* ou *cinétique*.

Un ressort bandé est une énergie potentielle : c'est
le magasin du travail qu'il a fallu dépenser pour le
bander, travail qu'il peut rendre en se débandant.
Une balle de fusil, en sortant de l'arme, est une
énergie actuelle cinétique qui se transforme en travail
lorsqu'elle rencontre un obstacle.

S'il nous appartenait de proposer une dénomination, nous donnerions la préférence au mot *puissance*
pour désigner la capacité de travail, car le mot *énergie*
semble plutôt indiquer l'intensité de la force que le
résultat de son action le long d'un chemin. La distinction qu'on fait dans le langage ordinaire entre
force et *puissance* nous semble justifier le sens scientifique que nous proposons d'y attacher.

D'après cela, nous proposerions de distinguer la
puissance en *puissance disponible* et en *puissance vive*. Un
ressort comprimé, un volume d'eau placé à une cer-

taine hauteur, sont des puissances disponibles ; un courant d'eau, un courant d'air, sont des puissances vives.

La puissance se distingue essentiellement de la force en ce qu'elle se consomme et se dépense en donnant naissance à certains effets, tandis que la force subsiste tant que dure l'action qui l'a produite.

Par exemple, on monte une horloge de clocher en soulevant un poids à une certaine hauteur. Le poids ainsi soulevé imprime en descendant le mouvement à l'horloge ; mais quand ce poids est arrivé au bas de sa course, le mouvement s'arrête, la puissance dont on disposait est consommée ; il faut remonter le poids, si l'on veut que le mouvement continue. Au contraire, le poids dont on charge des corps que l'on veut presser peut être abandonné à lui-même et continuer d'agir de la même manière pendant un temps indéfini.

De l'air comprimé exerce contre les parois de l'enveloppe qui le contient une pression dont rien ne limite la durée ; mais si les parois cèdent, l'air par son expansion successive , dépensera graduellement la puissance qu'il recélait et qu'on ne peut lui rendre qu'en le soumettant à une nouvelle compression.

Il importe de remarquer que toutes les fois qu'il se consomme de la puissance il se produit une autre puissance équivalente. Souvent cette nouvelle puissance n'est point apparente, mais elle n'en existe pas moins et il n'y a jamais dépense de puissance sans restitution.

Ainsi, dans le second exemple dont on vient de

parler, si l'on emploie la détente de l'air à mettre en jeu une pompe qui remonte un poids d'eau à une certaine hauteur, on pourra utiliser la chute de cette eau pour faire marcher une machine destinée à comprimer l'air. Si les machines qu'on emploie n'étaient sujettes à aucune perte de puissance, on devrait obtenir à la fin de ce cercle de transformations l'air comprimé au même degré qu'au commencement, de manière que la quantité de puissance initiale resterait constante à travers toutes ses transformations.

Cette reproduction complète de la puissance semble souvent ne pas avoir lieu, parce qu'une partie de la puissance disparaît en chemin pour reparaître sous une autre forme. Ainsi, les chocs, les frottements, la résistance de l'air, etc., sont autant de causes qui détruisent en apparence une portion plus ou moins grande de la puissance ; mais ces résistances donnent naissance à une quantité de chaleur qui pourrait à son tour se convertir en travail mécanique et qui représente virtuellement la puissance qui paraît avoir été perdue.

Il en faut dire autant de tous les déchets qu'éprouvent en apparence les puissances de quelque espèce qu'elles soient.

Dans le cas de l'horloge que nous avons cité, tout le travail moteur, toute la puissance emmagasinée en montant l'horloge, se transforme en chaleur dans le mouvement des rouages dont elle est composée. Si l'on pouvait s'emparer de cette chaleur qui se développe successivement, et l'employer sans perte à soulever un poids, on parviendrait à remonter l'horloge.

Il est bon de remarquer que la quantité de chaleur que le mouvement de l'horloge engendre et qui se dissipe dans les corps environnants, est précisément égale à la quantité de chaleur qui, par suite du travail développé, a disparu dans le corps de l'homme qui a monté l'horloge, chaleur qu'il a tirée de la combustion des aliments dont il s'est nourri.

Depuis fort longtemps, il s'est trouvé des penseurs disposés à croire que la puissance doit être regardée comme indestructible et invariable, à l'égal de la matière. Descartes avait entrevu que, malgré les chocs innombrables des corps d'un système et les distributions inégales de mouvement qui se font sans cesse des uns aux autres, il devait y avoir au fond de tout cela quelque chose de constant, de perpétuel et il a cru que c'était la quantité de mouvement dont la mesure est le produit de la masse par la vitesse. Au lieu de cette quantité de mouvement, Leibnitz mettait la force vive, dont la mesure est le produit de la masse par le carré de la vitesse.

Ni le principe de Descartes ni celui de Leibnitz ne sont exacts, au moins dans les termes dans lesquels on les énonçait. Pour s'en convaincre, considérons deux corps animés de vitesses inversement proportionnelles à leurs masses, venant à la rencontre l'un de l'autre, et dont l'un puisse s'enfoncer dans l'autre de manière à y rester réuni ; considérons, par exemple,

une balle lancée par un fusil et un bloc de bois venant
directement à la rencontre l'un de l'autre avec des vitesses réciproques à leurs masses ; supposons que les
deux corps ne soient soumis à aucune force extérieure
et qu'ils ne reçoivent ainsi que les actions qui résultent
de leur choc, nous savons que, par le choc, les deux
corps seront réduits au repos.

Voilà donc un système livré à lui-même dans lequel la quantité de mouvement est annulée par les
seules réactions entre les parties dont il est composé.
Donc, le principe de Descartes se trouve dans ce cas
en défaut.

Il en est de même du principe de Leibnitz, puisque
la force vive est également nulle après le choc des
deux corps.

Dans l'expérience que nous venons de considérer,
il se passe un fait auquel ni Descartes ni Leibnitz
n'ont pris garde et qui consiste en ce qu'après le
choc, il apparaît une chose qui n'existait pas avant et
qui doit être regardée comme l'équivalent de la puissance vive qui a disparu.

Cette chose, c'est la chaleur qui se développe par
l'effet du choc.

Que l'on répète l'expérience avec toutes sortes de
vitesses et de masses, toujours on verra que la quantité de chaleur qui se produit est proportionnelle à la
puissance vive perdue.

Si cette chaleur était recueillie et utilisée dans une
machine thermique parfaite, elle pourrait restituer

intégralement la puissance qui a disparu : de sorte qu'en tenant compte de cette chaleur, on peut dire que la puissance totale n'éprouve aucune perte.

Il était réservé à notre siècle de découvrir que toutes les fois qu'il disparaît de la puissance mécanique, soit par les chocs, soit par les frottements, une quantité de chaleur équivalente fait son apparition ; et *vice versâ*, que toutes les fois que de la chaleur disparaît, elle donne naissance à un travail mécanique ou à une puissance équivalente. Ainsi, la puissance mécanique peut se transformer en chaleur, et réciproquement, la chaleur peut se transformer en puissance mécanique.

La chaleur est donc une puissance comparable à la puissance mécanique.

On a reconnu qu'une transformation analogue peut avoir lieu entre tous les agents physiques qu'on nommait jadis fluides impondérables, c'est-à-dire entre la chaleur, l'électricité, le magnétisme, la lumière : de sorte qu'on a été conduit à poser en principe que TOUTES LES PUISSANCES NATURELLES PEUVENT SE CONVERTIR LES UNES DANS LES AUTRES SUIVANT DES RAPPORTS FIXES.

Ce principe étant admis comme un fait expérimental, il en découle que LA SOMME DE TOUTES LES PUISSANCES D'UN SYSTÈME LIVRÉ A LUI-MÊME EST CONSTANTE. Nous entendons par *système livré à lui-même* un système parfaitement isolé et ne recevant du dehors ni ne communiquant au dehors aucune puissance. En effet, la raison ne peut admettre que quelque chose puisse s'anéantir ou être tirée de rien.

Cette loi qui régit tous les phénomènes est d'une très-haute portée et doit être regardée comme une des plus belles conquêtes de l'esprit humain dans notre siècle. C'est une généralisation du principe mécanique de la *conservation des forces vives* que Huyghens semble avoir aperçu le premier, et dont Jean Bernouilli fit une loi de la nature, suivant laquelle la somme des forces vives de tous les corps d'un système est constante ; mais ce principe n'est pas général et ne subsiste plus dans le cas où, par l'action mutuelle des corps, il survient des changements brusques dans leurs vitesses, à moins que les corps ne soient parfaitement élastiques. On dit alors qu'il y a perte de force vive. Si l'on fait, dans ce cas, entrer en ligne de compte la chaleur engendrée, on compensera la perte apparente, et le principe subsistera dans toute sa généralité.

Donc, en tenant compte non-seulement des mouvements sensibles et des forces mesurables au dynamomètre, mais encore des puissances d'une autre nature, telles que la chaleur, l'électricité, le magnétisme, on reconnaîtra l'invariabilité de la somme de toutes les puissances d'un système livré à lui-même.

Ce principe est venu donner un appui à une opinion déjà ancienne, suivant laquelle la chaleur, l'électricité, etc., pourraient bien n'être qu'autant de modalités spéciales du mouvement des atomes de la matière.

En effet, si l'on regarde ces agents comme les effets produits par le mouvement des derniers atomes de la matière, on conçoit comment la puissance vive totale d'un système reste constante à travers toutes les transformations qui peuvent avoir lieu dans ses parties.

Poursuivant le même ordre d'idées, on a même tenté d'expliquer la gravitation universelle, la cohésion, l'affinité chimique, par le mouvement d'un éther remplissant l'espace.

Nous sommes conduits ainsi à ne voir dans la nature que matière et mouvement, chacun des deux étant indestructible et produisant par une foule de métamorphoses tous les phénomènes de la nature.

Cette synthèse physique est très-séduisante et plaît à l'imagination par la facilité qu'elle lui donne de se représenter les phénomènes et leurs changements successifs. Mais il reste encore à connaître comment les choses se passent dans beaucoup de cas, par quel mécanisme s'accomplissent tels ou tels phénomènes spéciaux ; il reste enfin de grandes lacunes à remplir. C'est à les combler que doit tendre la physique moderne.

Nous sommes ainsi ramenés à l'*atomisme* professé par Démocrite, par Gassendi, par Descartes. Mais si ce n'était alors qu'un système philosophique à l'appui duquel on ne pouvait fournir aucune des preuves sérieuses que réclame la science véritable, aujourd'hui c'est une hypothèse physique que beaucoup de faits sont venus étayer, et qui est bien près de devenir une vérité.

Selon cette manière de voir, ce que nous appelons *force* n'existerait pas dans la nature; la force serait simplement l'effet d'une transmission de mouvement. Nous serions ainsi délivrés de ces forces auxquelles certains physiciens attribuent je ne sais quelle existence spéciale, en les regardant comme des éléments constitutifs de l'univers.

Il nous reste à parler d'une signification du mot *force* dont les praticiens font continuellement usage lorsqu'ils disent : *la force d'un courant d'eau, d'une machine à vapeur, d'un cheval, d'un homme.*

Le temps n'intervient pas dans l'idée que nous avons du travail et en général de la puissance dans le sens que nous y avons attaché; mais il intervient nécessairement dans l'idée d'une source indéfinie de travail ou de puissance.

L'eau accumulée dans un réservoir à un certain niveau, d'où elle peut tomber au niveau inférieur quand on veut l'utiliser comme moteur, nous donne l'idée d'un approvisionnement de travail : c'est une puissance disponible déterminée.

Un cours d'eau qui coule sans cesse nous donne l'idée d'une source indéfinie de travail. On sent la nécessité de comparer le travail que peut fournir ce cours d'eau à celui que peut fournir un autre cours d'eau. On y parvient en évaluant le nombre de kilogrammètres que chaque cours d'eau peut mettre à notre disposition dans une seconde de temps.

Afin de n'avoir pas à considérer de très-grands

nombres, on est convenu d'appeler *force de cheval,* ou simplement *cheval-vapeur,* le travail de 75 kilogram-mètres par seconde.

D'après notre définition de la force, l'expression de *force de cheval* est vicieuse et il faut y substituer celle de *puissance de cheval,* qui répond d'ailleurs parfaite-ment à l'expression anglaise *horse power.*

La dénomination de *force* ne convient pas non plus pour désigner un travail indéfiniment prolongé et qui conserve des valeurs égales pendant des temps égaux. Nous pensons qu'il n'y a aucun inconvénient à nom-mer *puissance* cette quantité dans laquelle intervient le temps. En effet les expressions *puissance d'une ma-chine à vapeur, puissance d'un animal, puissance d'un cours d'eau,* supposent toujours qu'on évalue la puis-sance par le nombre de kilogrammes que ces mo-teurs peuvent élever à 1 mètre pendant l'unité de temps.

La considération des phénomènes manifestés par les êtres vivants a donné naissance à l'expression *force vitale.* C'est le principe qui préside aux fonctions des corps organisés vivants. Les uns le considèrent comme indépendant de l'organisme, les autres comme résultant de l'organisation même.

Nous nous garderons bien de nous engager dans la question scabreuse de savoir si la force vitale est ou n'est pas une entité distincte; nous ferons seulement observer que, quel que soit le principe de la vie, il ne peut intervenir qu'en mettant en jeu les puissances

physiques du corps sans y ajouter un contingent de
puissance. En effet, on ne saurait concevoir qu'un être
organisé, faisant partie d'un système livré à lui-même
et soustrait à toute action extérieure, pût par sa seule
volonté augmenter ou diminuer la quantité totale de
puissance contenue dans le système. Ce qu'on appelle
force vitale ne se manifeste jamais qu'en donnant
naissance à des forces égales et contraires deux à
deux entre les éléments matériels de nos organes.
« D'où il résulte qu'un animal, de quelque manière
« qu'il s'y prenne, ne peut jamais déplacer son centre
« de gravité par sa seule volonté et sans le secours
« d'un point d'appui extérieur. L'homme et les ani-
« maux peuvent élever ou abaisser verticalement leur
« centre de gravité en s'appuyant sur la terre ; ils
« peuvent aussi s'avancer horizontalement à l'aide du
« frottement contre sa surface ; mais la locomotion
« leur serait impossible sur un plan parfaitement poli,
« où cette résistance serait tout à fait insensible [1]. »

Un homme ne pourrait non plus s'imprimer une
rotation d'ensemble autour de la verticale passant par
son centre de gravité, s'il était placé sur un plan horizontal parfaitement poli : car il ne peut se procurer
un tel mouvement qu'en empruntant des forces au
sol à l'aide du frottement.

Nous devons en conclure que le mot *force*, dans
l'expression *force vitale*, n'a aucune des significations
dont s'occupe la mécanique ; il n'a plus qu'un sens

---

1. Poisson, *Traité de mécanique*, t. II, p. 451.

métaphorique, comme dans une foule d'autres phrases où ce mot a été transporté du propre au figuré.

III

Il résulte de tout ce qui précède qu'en laissant de côté les sens métaphoriques, le mot *force* reçoit deux acceptions principales : celle d'une pression ou tension et celle d'une capacité de travail.

Pour acquérir une idée nette des deux sens divers qu'on attache au mot *force*, nous n'avons qu'à nous représenter une masse d'air comprimé. Cet air exerce sur les parois du réservoir qui le contient une pression : voilà le premier sens. En laissant dilater cet air, on peut soulever un poids à une certaine hauteur, ou encore, si l'on veut, imprimer une certaine vitesse à un corps, comme on le fait dans un fusil à vent : voilà pour la seconde signification du mot *force*.

Pour éviter toute équivoque, nous restreignons la signification du mot *force* à indiquer uniquement la pression, et nous nommons *puissance* la faculté de produire un certain travail ou d'imprimer une certaine vitesse. La force s'exprime en kilogrammes ; la puissance s'exprime en kilogrammètres.

La puissance se divise en *puissance disponible* et en *puissance vive*.

Un poids reposant sur un plan horizontal exerce contre le plan une force exprimable en kilogrammes.

Le même poids, placé à une certaine distance au-
dessus du plan sur lequel il peut tomber, représente
une puissance disponible exprimable en kilogrammètres. Si on laisse tomber ce corps, il acquerra au
bas de sa course une certaine puissance vive, égale à
la moitié du produit de la masse par le carré de la
vitesse, qui s'exprime de même en kilogrammètres.
Le poids pourra, à l'aide de cette puissance vive, remonter à la même hauteur d'où il est tombé. Il suffit,
pour cela, que le plan soit parfaitement élastique ainsi
que le corps.

La force et la puissance, ainsi entendues, sont deux
choses tout à fait distinctes et qui ne sont point comparables, de la même manière qu'une ligne n'est point
comparable à une surface.

Cependant on compare quelquefois un poids tombant d'une certaine hauteur sur un corps à une pression exercée sur ce même corps sans vitesse acquise.
Mais alors on n'a égard qu'aux effets physiques que
peuvent produire le choc et la pression. On peut, par
exemple, comparer le choc produit par un poids tombant d'une certaine hauteur sur une substance qu'il
comprime au poids qui, posé sur cette substance, pro-
duirait la même compression. Mais ici encore, le poids
sans vitesse acquise, descend d'une certaine hauteur
pour produire la compression, de manière qu'il y a
à la fois pression et chemin décrit, et par suite développement de travail.

Dans les deux cas, on a donc à considérer une suite

de pressions qui se succèdent sans interruption quelconque, tout en produisant la déformation du corps. Ainsi, c'est réellement une puissance vive que l'on compare à un travail, et non un choc à une pression.

Il est de la plus grande importance de ne jamais confondre les forces avec les puissances. C'est faute de faire suffisamment attention à cette distinction que des personnes s'abandonnent quelquefois aux idées les plus chimériques.

Avec une très-petite force on peut faire équilibre à une très-grande force au moyen d'un point d'appui ; mais avec une puissance donnée on ne pourra jamais obtenir une puissance plus grande, quelle que soit la machine qu'on emploie.

Lorsqu'une petite force fait équilibre à une grande force, ce n'est pas par la petite force que la grande est détruite : c'est par la résistance des points fixes. La petite force ne détruit réellement qu'une petite partie de la grande, et les obstacles font le reste.

Si Archimède avait eu un levier et un point fixe, comme il le demandait, ce n'est pas lui qui aurait soutenu le globe de la terre : c'est son point fixe. Tout son art aurait consisté, non à soutenir le globe, mais à le faire soutenir presque en totalité par le point fixe. Si, au contraire, il eût été question de faire naître un mouvement effectif, alors Archimède aurait été obligé de le tirer tout entier de son propre fonds : aussi n'aurait-il pu être que fort petit, après un temps très-long.

En admettant que la densité moyenne de la terre soit
cinq fois et demie celle de l'eau, et que le travail jour-
nalier, que peut fournir un homme agissant sur une
manivelle, soit de 172 800 kilogrammètres, on trouve
que, pour soulever à la hauteur de 1 millimètre un
poids égal au poids de la terre, il faut plus de 900
milliards de siècles : de sorte que, si Archimède était
encore vivant et, s'il avait toujours travaillé pendant
les vingt siècles qui nous séparent de lui, il n'aurait
pas encore soulevé la terre de la quarante-cinq billio-
nième partie de 1 millimètre.

Nous nous résumerons en disant que, dans l'état
actuel de la science, on est amené de plus en plus à
ne voir dans la nature que matière et mouvement,
tous les deux également indestructibles. Il faut, d'après
cela, se figurer dans l'univers une quantité invariable
d'atomes matériels animés de vitesses diverses, qui
se groupent en systèmes pour former des molécules
et des corps. De l'échange de mouvement entre les
différentes masses il naît des *forces* exprimables en
kilogrammes. Ces forces, agissant le long de certains
chemins , servent d'intermédiaires pour transformer les *puissances vives* en *puissances disponibles*,
et *vice versá*, puissances qui s'évaluent en kilogrammètres.

Les forces sont transitoires, tandis que les puissances sont impérissables. La puissance totale d'un
système livré à lui-même, et en général de l'univers

entier, est invariable et toujours égale à la somme de
la puissance vive et de la puissance disponible,
qui, en variant sans cesse dans leur proportion
relative, produisent tous les phénomènes de la nature.

FIN.

TABLE DES MATIÈRES

CHAPITRE I.

QU'EST-CE QUE L'ÉNERGIE ?

CHAPITRE III.

FORCES ET ÉNERGIES DE LA NATURE — LOI DE CONSERVATION

CHAPITRE IV.

TRANSFORMATION DE L'ÉNERGIE.

CHAPITRE V.

ÉTUDE HISTORIQUE; DISSIPATION DE L'ENERGIE

CHAPITRE VI.

PLACE DE LA VIE DANS L'UNIVERS.

APPENDICE

ÉTUDE DE M. P. DE SAINT-ROBERT.

Coulommiers. — Typogr. A. MOUSSIN.

LIBRAIRIE
GERMER BAILLIÈRE

CATALOGUE

DES

LIVRES DE FONDS

(N° 2)

OUVRAGES HISTORIQUES

ET PHILOSOPHIQUES

JANVIER 1875

PARIS

17, RUE DE L'ÉCOLE-DE-MÉDECINE, 17

BIBLIOTHÈQUE

DE

PHILOSOPHIE CONTEMPORAINE

Volumes in-18 à 2 fr. 50 c.

Cartonnés 3 fr.

—

Francisque Bouillier.

DU PLAISIR ET DE LA DOULEUR. 1 v.
DE LA CONSCIENCE. 1 vol.

Ed. Auber.

PHILOSOPHIE DE LA MÉDECINE. 1 vol.

Leblais.

MATÉRIALISME ET SPIRITUALISME,
précédé d'une Préface par
M. E. Littré. 1 vol.

Ad. Garnier.

DE LA MORALE DANS L'ANTIQUITÉ,
précédé d'une Introduction par
M. Prévost-Paradol. 1 vol.

Schœbel.

PHILOSOPHIE DE LA RAISON PURE.
1 vol.

Beauquier.

PHILOSOPH. DE LA MUSIQUE. 1 vol.

Tissandier.

DES SCIENCES OCCULTES ET DU
SPIRITISME. 1 vol.

J. Moleschott.

LA CIRCULATION DE LA VIE. Lettres
sur la physiologie, en réponse
aux Lettres sur la chimie de
Liebig, trad. de l'allem. 2 vol.

Ath. Coquerel fils.

ORIGINES ET TRANSFORMATIONS DU
CHRISTIANISME. 1 vol.
LA CONSCIENCE ET LA FOI. 1 vol.
HISTOIRE DU CREDO. 1 vol.

Jules Levallois.

DÉISME ET CHRISTIANISME. 1 vol.

Camille Selden.

LA MUSIQUE EN ALLEMAGNE. Étude
sur Mendelssohn. 1 vol.

Fontanès.

LE CHRISTIANISME MODERNE. Étude
sur Lessing. 1 vol.

Salgey.

LA PHYSIQUE MODERNE. 1 vol.

Mariano.

LA PHILOSOPHIE CONTEMPORAINE
EN ITALIE. 1 vol.

Letourneau.

PHYSIOLOGIE DES PASSIONS. 1 vol.

Faivre.

DE LA VARIABILITÉ DES ESPÈCES.
1 vol.

Stuart Mill.

AUGUSTE COMTE ET LA PHILOSOPHIE
POSITIVE, trad. de l'angl. 1 vol.

Ernest Bersot.

LIBRE PHILOSOPHIE. 1 vol.

A. Réville.

HISTOIRE DU DOGME DE LA DIVINITÉ
DE JÉSUS-CHRIST. 1 vol.

W. de Fonvielle.

L'ASTRONOMIE MODERNE. 1 vol.

C. Coignet.

LA MORALE INDÉPENDANTE. 1 vol.

E. Boutmy.

PHILOSOPHIE DE L'ARCHITECTURE
EN GRÈCE. 1 vol.

Et. Vacherot.

LA SCIENCE ET LA CONSCIENCE.
1 vol.

Ém. de Laveleye.

DES FORMES DE GOUVERNEMENT.
1 vol.

Herbert Spencer.

CLASSIFICATION DES SCIENCES. 1 v.

Gauckler.

LE BEAU ET SON HISTOIRE.

Max Müller.

LA SCIENCE DE LA RELIGION. 1 v.

Léon Dumont.

HAECKEL ET LA THÉORIE DE L'É-
VOLUTION EN ALLEMAGNE. 1 vol.

Bertauld.

L'ORDRE SOCIAL ET L'ORDRE MO-
RAL. 1 vol.

Th. Ribot.

PHILOSOPHIE DE SCHOPENHAUER.
1 vol.

Al. Herzen.

PHYSIOLOGIE DE LA VOLONTÉ.
1 vol.

Bentham et Grote.

LA RELIGION NATURELLE 1 vol.

BIBLIOTHÈQUE DE PHILOSOPHIE CONTEMPORAINE

FORMAT IN-8.
Volumes à 5 fr., 7 fr. 50 c. et 10 fr.

JULES BARNI. **La Morale dans la démocratie.** 1 vol.   5 fr.

AGASSIZ. **De l'Espèce et des Classifications**, traduit de l'anglais par M. Vogeli. 1 vol. in-8.   5 fr.

STUART MILL. **La Philosophie de Hamilton.** 1 fort vol. in-8, traduit de l'anglais par M. Cazelles.   10 fr.

STUART MILL. **Mes Mémoires.** Histoire de ma vie et de mes idées, traduit de l'anglais par M. E. Cazelles. 1 vol. in-8 5 fr.

STUART MILL. **Système de logique** déductive et inductive. Exposé des principes de la preuve et des méthodes de recherche scientifique, traduit de l'anglais par M. Louis Peisse, 2 vol. 20 fr.

STUART MILL. **Essais sur la Religion**, traduits de l'anglais, par M. E. Cazelles. 1 vol. in-8.   5 fr.

DE QUATREFAGES. **Ch. Darwin et ses précurseurs français.** 1 vol. in-8.   5 fr.

HERBERT SPENCER. **Les premiers Principes.** 1 fort vol. in-8, traduits de l'anglais par M. Cazelles.   10 fr.

HERBERT SPENCER. **Principes de psychologie**, traduits de l'anglais par MM. Th. Ribot et Espinas. 2 vol. in-8.   20 fr.

AUGUSTE LAUGEL. **Les Problèmes** (Problèmes de la nature, problèmes de la vie, problèmes de l'âme). 1 fort vol. in-8. 7 fr. 50

ÉMILE SAIGEY. **Les Sciences au XVIIIᵉ siècle**, la physique de Voltaire. 1 vol. in-8.   5 fr.

PAUL JANET. **Histoire de la science politique** dans ses rapports avec la morale, 2ᵉ édition, 2 vol. in-8.   20 fr.

TH. RIBOT. **De l'Hérédité.** 1 vol. in-8.   10 fr.

HENRI RITTER. **Histoire de la philosophie moderne**, trad. franç. préc. d'une intr. par M. P. Challemel-Lacour, 3 v. in-8 20 fr.

ALF. FOUILLÉE. **La liberté et le déterminisme.** 1 v. in-8. 7 f. 50

DE LAVELEYE. **De la propriété et de ses formes primitives**, 1 vol. in-8.   7 fr. 50

BAIN. **Des Sens et de l'Intelligence.** 1 vol. in-8, trad. de l'anglais par M. Cazelles.   10 fr.

BAIN. **La Logique inductive et déductive**, traduite de l'anglais par M. Compayré. 2 vol. in-8.   20 fr.

HARTMANN. **Philosophie de l'Inconscient**, traduite de l'allemand. 1 vol. (*Sous presse.*)

ÉDITIONS ÉTRANGÈRES

Éditions anglaises.

AUGUSTE LAUGEL. The United-States during the war. 1 beau volume in-8 relié.   7 shill. 6 p.

ALBERT REVILLE. History of the doctrine of the deity of Jesus-Christ. 1 vol.   3 sh. 6 p.

H. TAINE. Italy (Naples et Rome). 1 beau vol. in-8 relié.   7 sh. 6 p.

H. TAINE. The Philosophy of art. 1 vol. in-18, rel.   3 shill.

PAUL JANET. The Materialism of present day, translated by prof. Gustave Masson. 1 vol. in-18, rel.   shill.

Éditions allemandes.

JULES BARNI. Napoléon 1ᵉʳ und sein Geschichtschreiber Thiers. 1 volume in-18.   1 thal.

PAUL JANET. Der Materialismus unserer Zeit, übersetzt von Prof. Reichlin-Meldegg mit einem Vorwort von prof. von Fichte, 1 vol. in-18.   1 thal.

H. TAINE. Philosophie der Kunst. 1 vol. in-18.   1 thal.

BIBLIOTHÈQUE D'HISTOIRE CONTEMPORAINE

Volumes in-18, à 3 fr. 50 c. — Cartonnés, 4 fr.

Carlyle.

HISTOIRE DE LA RÉVOLUTION FRANÇAISE, traduite de l'angl. 3 vol.

Victor Meunier.

SCIENCE ET DÉMOCRATIE. 2 vol.

Jules Barni.

HISTOIRE DES IDÉES MORALES ET POLITIQUES EN FRANCE AU XVIII° SIÈCLE. 2 vol.

NAPOLÉON Ier ET SON HISTORIEN M. THIERS. 1 vol.

LES MORALISTES FRANÇAIS AU XVIII° SIÈCLE. 1 vol.

Auguste Laugel.

LES ÉTATS-UNIS PENDANT LA GUERRE (1861-1865). Souvenirs personnels. 1 vol.

De Rochau.

HISTOIRE DE LA RESTAURATION, traduite de l'allemand. 1 vol.

Eug. Véron.

HISTOIRE DE LA PRUSSE depuis la mort de Frédéric II jusqu'à la bataille de Sadowa. 1 vol.

HISTOIRE DE L'ALLEMAGNE depuis la bataille de Sadowa jusqu'à nos jours, 1 vol.

Hillebrand.

LA PRUSSE CONTEMPORAINE ET SES INSTITUTIONS. 1 vol.

Eug. Despois.

LE VANDALISME RÉVOLUTIONNAIRE. Fondations litt., scientif. et artist. de la Convention. 1 vol.

Bagehot.

LA CONSTITUTION ANGLAISE, trad. de l'anglais. 1 vol.

LOMBARD STREET, le marché financier en Angl., tr. de l'angl. 1 v.

Thackeray.

LES QUATRE GEORGE, trad. de l'anglais par M. Lefoyer. 1 vol.

Émile Montégut.

LES PAYS-BAS. Impressions de voyage et d'art. 1 vol.

Émile Beaussire.

LA GUERRE ÉTRANGÈRE ET LA GUERRE CIVILE. 1 vol.

Édouard Sayous.

HISTOIRE DES HONGROIS et de leur littérature politique de 1790 à 1815. 1 vol.

Éd. Bourloton.

L'ALLEMAGNE CONTEMPORAINE. 1 v.

Boert.

LA GUERRE DE 1870-71 d'après le colonel féd. suisse Rustow. 1 v.

Herbert Barry.

LA RUSSIE CONTEMPORAINE, traduit de l'anglais. 1 vol.

H. Dixon.

LA SUISSE CONTEMPORAINE, traduit de l'anglais. 1 vol.

Louis Teste.

L'ESPAGNE CONTEMPORAINE, journal d'un voyageur. 1 vol.

J. Clamageran.

LA FRANCE RÉPUBLICAINE. 1 vol.

E. Duvergier de Hauranne.

LA RÉPUBLIQUE CONSERVATRICE. 1 v.

H. Reynald.

HISTOIRE DE L'ESPAGNE, depuis la mort de Charles III jusqu'à nos jours. 1 vol.

HISTOIRE DE L'ANGLETERRE, depuis la mort de la reine Anne jusqu'à nos jours. 1 vol.

L. Asseline.

HISTOIRE DE L'AUTRICHE, depuis la mort de Marie-Thérèse jusqu'à nos jours.

FORMAT IN-8.

Sir G. Cornewall Lewis.

HISTOIRE GOUVERNEMENTALE DE L'ANGLETERRE DE 1770 JUSQU'A 1830, trad. de l'anglais. 1 vol. 7 fr.

De Sybel.

HISTOIRE DE L'EUROPE PENDANT LA RÉVOLUTION FRANÇAISE. 2 vol. in-8. 14 fr.

Taxile Delord.

HISTOIRE DU SECOND EMPIRE, 1848-1870.

1869. Tome Ier, 1 vol. in-8. 7 fr.
1870. Tome II, 1 vol. in-8. 7 fr.
1872. Tome III, 1 vol in-8 7 fr.
1874. Tome IV, 1 vol. in-8. 7 fr.
1874. Tome V, 1 vol. in-8. 7 fr.
1875. Tome VI et dernier. 7 fr.

REVUE
Politique et Littéraire
(Revue des cours littéraires, 2e série.)

REVUE
Scientifique
(Revue des cours scientifiques, 2e série.)

Directeurs : MM. Eug. YUNG et Ém. ALGLAVE

La septième année de la **Revue des Cours littéraires** et de la **Revue des Cours scientifiques**, terminée à la fin de juin 1871, clôt la première série de cette publication.

La deuxième série a commencé le 1er juillet 1871, et depuis cette époque chacune des années de la collection commence à cette date. Des modifications importantes ont été introduites dans ces deux publications.

REVUE POLITIQUE ET LITTÉRAIRE

La *Revue politique* continue à donner une place aussi large à la littérature, à l'histoire, à la philosophie, etc., mais elle a agrandi son cadre, afin de pouvoir aborder en même temps la politique et les questions sociales. En conséquence, elle a augmenté de moitié le nombre des colonnes de chaque numéro (48 colonnes au lieu de 32).

Chacun des numéros, paraissant le samedi, contient régulièrement :

Une *Semaine politique* et une *Causerie politique* où sont appréciés, à un point de vue plus général que ne peuvent le faire les journaux quotidiens, les faits qui se produisent dans la politique intérieure de la France, discussions de l'Assemblée, etc.

Une *Causerie littéraire* où sont annoncés, analysés et jugés les ouvrages récemment parus : livres, brochures, pièces de théâtre importantes, etc.

Tous les mois la *Revue politique* publie un *Bulletin géographique* qui expose les découvertes les plus récentes et apprécie les ouvrages géographiques nouveaux de la France et de l'étranger. Nous n'avons pas besoin d'insister sur l'importance extrême qu'a prise la géographie depuis que les Allemands en ont fait un instrument de conquête et de domination.

De temps en temps une *Revue diplomatique* explique au point de vue français les événements importants survenus dans les autres pays.

On accusait avec raison les Français de ne pas observer avec assez d'attention ce qui se passe à l'étranger. La *Revue* remédie à ce défaut. Elle analyse et traduit les livres, articles, discours ou conférences qui ont pour auteurs les hommes les plus éminents des divers pays.

Comme au temps où ce recueil s'appelait la *Revue des cours littéraires* (1864-1870), il continue à publier les principales leçons du Collége de France, de la Sorbonne et des Facultés des départements.

Les ouvrages importants sont analysés, avec citations et extraits, dès le lendemain de leur apparition. En outre, la *Revue politique* publie des articles spéciaux sur toute question que recommandent à l'attention des lecteurs, soit un intérêt public, soit des recherches nouvelles.

Parmi les collaborateurs, nous citerons :

Articles politiques. — MM. de Pressensé, Ernest Duvergier de Hauranne, H. Aron, Em. Beaussire, Anat. Dunoyer, Clamageran.

Diplomatie et pays étrangers. — MM. Albert Sorel, Reynald, Léo Quesnel, Louis Leger.

Philosophie. — MM. Janet, Caro, Ch. Lévêque, Véra, Léon Dumont, Fernand Papillon, Th. Ribot, Huxley.

Morale. — MM. Ad. Franck, Laboulaye, Jules Barni, Legouvé, Ath. Coquerel, Bluntschli.

Philologie et archéologie. — MM. Max Müller, Eugène Benoist, L. Havet, E. Ritter, Maspéro, George Smith.

Littérature ancienne. — MM. Egger, Havet, George Perrot, Gaston Boissier, Geffroy, Martha.

Littérature française. — MM. Ch. Nisard, Lenient, L. de Loménie, Édouard Fournier, Bersier, Gidel, Jules Claretie, Paul Albert.

Littérature étrangère. — MM. Mézières, Büchner.

Histoire. — MM. Alf. Maury, Littré, Alf. Rambaud, H. de Sybel.

Géographie, Economie politique. — MM. Levasseur, Himly, Gaidoz, Alglave.

Instruction publique. — Madame C. Coignet, M. Buisson.

Beaux-arts. — MM. Gebhart, C. Selden, Justi, Schnaase, Vischer.

Critique littéraire. — MM. Eugène Despois, Maxime Gaucher.

Ainsi la *Revue politique* embrasse tous les sujets. Elle consacre à chacun une place proportionnée à son importance. Elle est, pour ainsi dire, une image vivante, animée et fidèle de tout le mouvement contemporain.

REVUE SCIENTIFIQUE

Mettre la science à la portée de tous les gens éclairés sans l'abaisser ni la fausser, et, pour cela, exposer les grandes découvertes et les grandes théories scientifiques par leurs auteurs mêmes ;

Suivre le mouvemen des idées philosophiques dans le monde savant de tous les pays :

Tel est le double but que la *Revue scientifique* poursuit depuis dix ans avec un succès qui l'a placée au premier rang des publications scientifiques d'Europe et d'Amérique.

Pour réaliser ce programme, elle devait s'adresser d'abord aux Facultés françaises et aux Universités étrangères qui comptent dans leur sein presque tous les hommes de science éminents. Mais, depuis deux années déjà, elle a élargi son cadre afin d'y faire entrer de nouvelles matières.

En laissant toujours la première place à l'enseignement supérieur proprement dit, la *Revue scientifique* ne se restreint plus désormais aux leçons et aux conférences. Elle poursuit tous les développements de la science sur le terrain économique, industriel, militaire et politique.

Elle publie les principales leçons faites au Collège de France, au Muséum d'histoire naturelle de Paris, à la Sorbonne, à l'Institution royale de Londres, dans les Facultés de France, les universités d'Allemagne, d'Angleterre, d'Italie, de Suisse, d'Amérique, et les institutions libres de tous les pays.

Elle analyse les travaux des Sociétés savantes d'Europe et d'Amérique, des Académies des sciences de Paris, Vienne, Berlin, Munich, etc., des Sociétés royales de Londres et d'Edimbourg, des Sociétés d'anthropologie, de géographie, de chimie, de botanique, de géologie, d'astronomie, de médecine, etc.

Elle expose les travaux des grands congrès scientifiques, les Associations *française, britannique* et *américaine*, le congrès des naturalistes allemands, la Société helvétique des sciences naturelles, les congrès internationaux d'anthropologie préhistorique, etc.

Enfin, elle publie des articles sur les grandes questions de philosophie naturelle, les rapports de la science avec la politique, l'industrie et l'économie sociale, l'organisation scientifique des divers pays, les sciences économiques et militaires, etc.

Parmi les collaborateurs nous citerons :

Astronomie, météorologie. — MM. Leverrier, Faye, Balfour-Stewart, Janssen, Normann Lockyer, Vogel, Wolf, Miller, Laussedat, Thomson, Rayet, Secchi, Briot, Herschell, etc.

Physique. — MM. Helmholtz, Tyndall, Jamin, Desains, Carpenter, Gladstone, Grad, Boutan, Becquerel, Cazin, Fernet, Onimus, Bertin.

Chimie. — MM. Wurtz, Berthelot, H. Sainte-Claire Deville, Bouchardat, Grimaux, Jungfleisch, Mascart, Odling, Dumas, Troost, Peligot, Cahours, Graham, Friedel, Pasteur.

Géologie. — MM. Hébert, Bleicher, Fouqué, Gaudry, Ramsay, Sterry-Hunt, Contejean, Zittel, Wallace, Lory, Lyell, Daubrée.

Zoologie. — MM. Agassiz, Darwin, Haeckel, Milne Edwards, Perrier, P. Bert, Van Beneden, Lacaze-Duthiers, Pasteur, Pouchet Joly, De Quatrefages, Faivre, A. Moreau, E. Blanchard, Marey.

Anthropologie. — MM. Broca, De Quatrefages, Darwin, De Mortillet, Virchow, Lubbock, K. Vogt.

Botanique. — MM. Baillon, Brongniart, Cornu, Faivre, Spring, Chatin, Van Tieghem, Duchartre.

Physiologie, anatomie. — MM. Claude Bernard, Chauveau, Fraser, Gréhant, Lereboullet, Moleschott, Onimus, Ritter, Rosenthal, Wundt, Pouchet, Ch. Robin, Vulpian, Virchow, P. Bert, du Bois-Reymond, Helmholtz, Frankland, Brücke.

Médecine. — MM. Chauffard, Chauveau, Cornil, Gubler, Le Fort, Verneuil, Broca, Liebreich, Lorain, Axenfeld, Lasègue, G. Sée, Bouley, Giraud-Teulon, Bouchardat.

Sciences militaires. — MM. Laussedat, Le Fort, Abel, Jervois, Morin, Noble, Reed, Usquin.

Philosophie scientifique. — MM. Alglave, Bagehot, Carpenter, Léon Dumont, Hartmann, Herbert Spencer, Laycock, Lubbock, Tyndall, Gavarret, Ludwig.

Prix d'abonnement :

Une seule revue séparément	Six mois.	Un an.	Les deux revues ensemble	Six mois.	Un an.
Paris	12f	20f	Paris	20f	36f
Départements.	15	25	Départements.	25	42
Étranger.	18	30	Étranger.	30	50

L'abonnement part du 1er juillet, du 1er octobre, du 1er janvier et du 1er avril de chaque année.

Chaque volume de la première série se vend : broché...... 15 fr.
relié........ 20 fr.
Chaque année de la 2e série, formant 2 vol., se vend : broché.. 20 fr.
relié.... 25 fr.

Prix de la collection de la première série :

Prix de la collection complète de la *Revue des cours littéraires* (1864-1870), 7 vol. in-4.............................. 105 fr.

Prix de la collection complète des deux *Revues* prises en même temps, 14 vol. in-4................................... 182 fr.

Prix de la collection complète des deux séries :

Revue des cours littéraires et *Revue politique et littéraire* (décembre 1863 — juillet 1875), 15 vol. in-4............... 185 fr.

— Avec la *Revue des cours scientifiques* et la *Revue scientifique*, 30 vol. in- .... 434 fr.

BIBLIOTHÈQUE SCIENTIFIQUE
INTERNATIONALE

Le premier besoin de la science contemporaine, — on pourrait même dire d'une manière plus générale des sociétés modernes, — c'est l'échange rapide des idées entre les savants, les penseurs, les classes éclairées de tous les pays. Mais ce besoin n'obtient encore aujourd'hui qu'une satisfaction fort imparfaite. Chaque peuple a sa langue particulière, ses livres, ses revues, ses manières spéciales de raisonner et d'écrire, ses sujets de prédilection. Il lit fort peu ce qui se publie au delà de ses frontières, et la grande masse des classes éclairées, surtout en France, manque de la première condition nécessaire pour cela, la connaissance des langues étrangères. On traduit bien un certain nombre de livres anglais ou allemands ; mais il faut presque toujours que l'auteur ait à l'étranger des amis soucieux de répandre ses travaux, ou que l'ouvrage présente un caractère pratique qui en fait une bonne entreprise de librairie. Les plus remarquables sont loin d'être toujours dans ce cas, et il en résulte que les idées neuves restent longtemps confinées, au grand détriment des progrès de l'esprit humain, dans le pays qui les a vues naître. Le libre échange industriel règne aujourd'hui presque partout ; le libre échange intellectuel n'a pas encore la même fortune, et cependant il ne peut rencontrer aucun adversaire ni inquiéter aucun préjugé.

Ces considérations avaient frappé depuis longtemps un certain nombre de savants anglais. Au congrès de l'Association britannique à Edimbourg, ils tracèrent le plan d'une *Bibliothèque scientifique internationale*, paraissant à la fois en anglais, en français et en allemand, publiée en Angleterre, en France, aux Etats-Unis, en Allemagne, et réunissant des ouvrages écrits par les savants les plus distingués de tous les pays. En venant en France pour chercher à réaliser cette idée, ils devaient naturellement s'adresser à la *Revue scientifique*, qui marchait dans la même voie, et qui projetait au même moment, après les désastres de la guerre, une entreprise semblable destinée à étendre en quelque sorte son cadre et à faire connaître plus rapidement en France les livres et les idées des peuples voisins.

La *Bibliothèque scientifique internationale* n'est donc pas une entreprise de librairie ordinaire. C'est une œuvre dirigée par les auteurs mêmes, en vue des intérêts de la science, pour la populariser sous toutes ses formes, et faire connaître immédiatement dans le monde entier les idées originales, les directions nouvelles, les découvertes importantes qui se font jour dans tous les pays. Chaque savant exposera les idées qu'il a introduites dans la science et condensera pour ainsi dire ses doctrines les plus originales.

On pourra ainsi, sans quitter la France, assister et participer au mouvement des esprits en Angleterre, en Allemagne, en Amérique, en Italie, tout aussi bien que les savants mêmes de chacun de ces pays.

La *Bibliothèque scientifique internationale* ne comprend pas seulement des ouvrages consacrés aux sciences physiques et naturelles, elle aborde aussi les sciences morales comme la philosophie, l'histoire, la politique et l'économie sociale, la haute législation, etc.; mais les livres traitant des sujets de ce genre se rattacheront encore aux sciences naturelles, en leur empruntant les méthodes d'observation et d'expérience qui les ont rendues si fécondes depuis deux siècles.

Cette collection paraît à la fois en français, en anglais, en allemand, en russe et en italien : à Paris, chez Germer Baillière ; à Londres, chez Henry S. King et C⁰ ; à New-York, chez Appleton ; à Leipzig, chez Brockaus ; et à Saint-Pétersbourg, chez Koropchevski et Goldsmith ; à Milan, chez Dumolard.

EN VENTE :
VOLUMES IN-18, CARTONNÉS A L'ANGLAISE

J. TYNDALL. **Les glaciers et les transformations de l'eau**, avec figures. 1 vol. in-8. 6 fr.

MAREY. **La machine animale**, locomotion terrestre et aérienne, avec de nombreuses figures. 1 vol. in-8. 6 fr.

BAGEHOT. **Lois scientifiques du développement des nations** dans leurs rapports avec les principes de la sélection naturelle et de l'hérédité. 1 vol. in-8. 6 fr.

BAIN. **L'esprit et le corps.** 1 vol. in-8. 6 fr.

PETTIGREW. **La locomotion chez les animaux**, marche, natation, vol. 1 vol. in-8 avec figures. 6 fr.

HERBERT SPENCER. **La science sociale.** 1 vol. 6 fr.

VAN BENEDEN. **Les commensaux et les parasites dans le règne animal**, 1 vol. in-8, avec figures. 6 fr.

O. SCHMIDT. **La descendance de l'homme et le darwinisme.** 1 vol. in-8 avec figures. 6 fr.

MAUDSLEY. **Le Crime et la Folie.** 1 vol. in-8 6 fr.

Liste des principaux ouvrages qui sont en préparation :

AUTEURS FRANÇAIS

CLAUDE BERNARD. Phénomènes physiques et Phénomènes métaphysiques de la vie.

HENRI SAINTE-CLAIRE DEVILLE. Introduction à la chimie générale.

ÉMILE ALGLAVE. Physiologie générale des gouvernements.

A. DE QUATREFAGES. Les races nègres.

A. WURTZ. Atomes et atomicité.

BERTHELOT. La synthèse chimique.

H. DE LACAZE-DUTHIERS. La zoologie depuis Cuvier.

FRIEDEL. Les fonctions en chimie organique

TAINE. Les émotions et la volonté.

ALFRED GRANDIDIER. Madagascar.

DEBRAY. Les métaux précieux.

AUTEURS ANGLAIS

HUXLEY. Mouvement et conscience.

W. B. CARPENTER. La physiologie de l'esprit.

RAMSAY. Structure de la terre.

SIR J. LUBBOCK. Premiers âges de l'humanité.

BALFOUR STEWART. La conservation de la force.

CHARLTON BASTIAN. Le cerveau comme organe de la pensée.

NORMAN LOCKYER. L'analyse spectrale.

W. ODLING. La chimie nouvelle.

LAWDER LINDSAY. L'intelligence chez les animaux inférieurs.

STANLEY JEVONS. Les lois de la statistique.

MICHAEL FOSTER. Protoplasma et physiologie cellulaire.

ED. SMITH. Aliments et alimentation.

K. CLIFFORD. Les fondements des sciences exactes.

AUTEURS ALLEMANDS

VIRCHOW. Physiologie pathologique.

ROSENTHAL. Physiologie générale des muscles et des nerfs.

BERNSTEIN. Physiologie des sens.

HERMANN. Physiologie de la respiration.

O. LIEBREICH. Fondements de la toxicologie.

STEINTHAL. Fondements de la linguistique.

VOGEL. Chimie de la lumière.

AUTEURS AMÉRICAINS

J. DANA. L'échelle et les progrès de la vie.

S. W. JOHNSON. La nutrition des plantes.

A. FLINT. Les fonctions du système nerveux.

W. D. WHITNEY. La linguistique moderne.

OUVRAGES
De M. le professeur VÉRA
Professeur à l'université de Naples.

INTRODUCTION
A LA

PHILOSOPHIE DE HÉGEL
1 vol. in-8, 1864, 2e édition....   6 fr. 50

LOGIQUE DE HÉGEL
Traduite pour la première fois, et accompagnée d'une Introduction
et d'un commentaire perpétuel.

2 volumes in-8, 1874, 2e édition.   14 fr.

PHILOSOPHIE DE LA NATURE
DE HÉGEL

Traduite pour la première fois, et accompagnée d'une Introduction
et d'un commentaire perpétuel.

3 volumes in-8. 1864-1866........   25 fr.

Prix du tome II... 8 fr. 50.— Prix du tome III... 8 fr. 50

PHILOSOPHIE DE L'ESPRIT
DE HÉGEL

Traduite pour la première fois, et accompagnée d'une Introduction
et d'un commentaire perpétuel.

1867. Tome 1er, 1 vol. in-8.   9 fr.
1870. Tome 2e, 1 vol. in-8.   9 fr.

Philosophie de la Religion de Hégel. 2 vol. in-8. (*Sous presse.*)

L'Hégélianisme et la philosophie. 1 vol. in-18. 1861. 3 fr. 50

Mélanges philosophiques. 1 vol. in-8. 1862.   5 fr.

Essais de philosophie hégélienne (de la *Bibliothèque de philosophie contemporaine*). 1 vol.   2 fr. 50

Platonis, Aristotelis et Hegelii de medio termino doctrina. 1 vol. in-8. 1845.   1 fr. 50

Strauss. L'ancienne et la nouvelle foi. 1873, in-8.   6 fr.

RÉCENTES PUBLICATIONS

HISTORIQUES ET PHILOSOPHIQUES

Qui ne se trouvent pas dans les deux Bibliothèques.

ACOLLAS (Émile). **L'enfant né hors mariage.** 3ᵉ édition. 1872, 1 vol. in-18 de x-165 pages. 2 fr.

ACOLLAS (Émile). **Manuel de droit civil,** contenant l'exégèse du code Napoléon et un exposé complet des systèmes juridiques.
Tome premier (premier examen), 1 vol. in-8. 12 fr.
Tome deuxième (deuxième examen), 1 vol. in-8. 12 fr.
Tome troisième (troisième examen). 12 fr.

ACOLLAS (Émile). **Trois leçons sur le mariage.** In-8. 1 fr. 50

ACOLLAS (Émile). **L'idée du droit.** In-8. 1 fr. 50

ACOLLAS (Émile). **Nécessité de refondre l'ensemble de nos codes,** et notamment le code Napoléon, au point de vue de l'idée démocratique. 1866, 1 vol. in-8. 3 fr.

Administration départementale et communale. Lois — Décrets — Jurisprudence, conseil d'État, cour de Cassation, décisions et circulaires ministérielles, in-8. 8 fr.

ALAUX. **La religion progressive.** 1869, 1 vol. in-18. 3 fr. 50

ARISTOTE. **Rhétorique** traduite en français et accompagnée de notes par J. Barthélemy Saint-Hilaire. 1870, 2 vol. in-8. 16 fr.

ARISTOTE. **Psychologie** (opuscules) traduite en français et accompagnée de notes par J. Barthélemy Saint-Hilaire. 1 vol. in-8. 10 fr.

ARISTOTE. **Politique,** trad. par Barthélemy Saint-Hilaire, 1868. 1 fort vol. in-8. 10 fr.

ARISTOTE. **Physique,** ou leçons sur les principes généraux de la nature, traduit par M. Barthélemy Saint-Hilaire. 2 forts vol. gr. in-8. 1872. 20 fr.

ARISTOTE. **Traité du Ciel.** 1866, traduit en français pour la première fois par M. Barthélemy Saint-Hilaire. 1 fort vol. gr. in-8. 10 fr.

ARISTOTE. **Météorologie,** avec le petit traité apocryphe : *Du Monde,* traduit par M. Barthélemy Saint-Hilaire, 1863. 1 fort vol. gr. in-8. 10 fr.

ARISTOTE. **Morale,** traduit par M. Barthélemy Saint-Hilaire. 1856, 3 vol gr. in-8. 24 fr.

ARISTOTE. **Poétique,** traduite par M. Barthélemy Saint-Hilaire, 1858. 1 vol. in-8. 5 fr.

ARISTOTE. **Traité de la production et de la destruction des choses,** traduit en français et accompagné de notes perpétuelles, par M. Barthélemy Saint-Hilaire, 1866. 1 vol. gr. in-8. 10 fr

AUDIFFRET-PASQUIER. **Discours devant les commissions de la réorganisation de l'armée et des marchés.** In-4. 2 fr. 50

L'art et la vie. 1867, 2 vol. in-8. 7 fr.

L'art et la vie de Stendhal. 1869, 1 fort vol. in-8. 6 fr.

BAGEHOT. Lois scientifiques du développement des nations dans leurs rapports avec les principes de l'hérédité et de la sélection naturelle. 1873, 1 vol. in-8 de la *Bibliothèque scientifique internationale*, cartonné à l'anglaise. 6 fr.

BARNI (Jules). Napoléon Ier, édition populaire. 1 vol. in-18. 1 fr.

BARNI (Jules). Manuel républicain. 1872, 1 vol. in-18. 1 fr. 50

BARNI (Jules). Les martyrs de la libre pensée, cours professé à Genève. 1862, 1 vol. in-18. 3 fr. 50

BARNI (Jules). Voy. KANT.

BARTHÉLEMY SAINT-HILAIRE. Voyez Aristote.

BARTHÉLEMY SAINT-HILAIRE. La Logique d'Aristote. 2 vol. gr. in-8. 16 fr.

BARTHÉLEMY SAINT-HILAIRE. L'École d'Alexandrie. 1 vol. in-8. 6 fr.

BAUTAIN. La philosophie morale. 2 vol. in-8. 12 fr.

CH. BÉNARD. L'Esthétique de Hégel, traduit de l'allemand. 2 vol. in-8. 16 fr.

CH. BÉNARD. De la Philosophie dans l'éducation classique, 1862. 1 fort vol. in-8. 6 fr.

CH. BÉNARD. La Poétique, par W.-F. Hegel, précédée d'une préface et suivie d'un examen critique, Extraits de Schiller, Goëthe, Jean Paul, etc., et sur divers sujets relatifs à la poésie. 2 vol. in-8. 12 fr.

BLANCHARD. Les métamorphoses, les mœurs et les instincts des insectes, par M. Émile BLANCHARD, de l'Institut, professeur au Muséum d'histoire naturelle. 1868, 1 magnifique volume in-8 jésus, avec 160 figures intercalées dans le texte et 40 grandes planches hors texte. Prix, broché. 30 fr.
    Relié en demi-maroquin. 35 fr.

BLANQUI. L'éternité par les astres, hypothèse astronomique. 1872, in-8. 2 fr.

BORELY (J.). Nouveau système électoral, représentation proportionnelle de la majorité et des minorités. 1870. 1 vol. in-18 de XVIII-194 pages. 2 fr. 50

BORELY. De la justice et des juges, projet de réforme judiciaire. 1871, 2 vol. in-8. 12 fr.

BOUCHARDAT. Le travail, son influence sur la santé (conférences faites aux ouvriers). 1863, 1 vol. in-18. 2 fr. 50

BOUCHARDAT et H. JUNOD. L'eau-de-vie et ses dangers, conférences populaires. 1 vol. in-18. 1 fr.

BERSOT. La philosophie de Voltaire. 1 vol in-12. 3 fr. 50

Éd. BOURLOTON et E. ROBERT. La Commune et ses idées à travers l'histoire. 1872, 1 vol. in-18. 3 fr. 50

BOUCHUT. Histoire de la médecine et des doctrines médicales. 1873, 2 forts vol. in-8. 16 fr.

BOUCHUT et DESPRÉS. Dictionnaire de médecine et de thérapeutique médicale et chirurgicale, comprenant le résumé de la médecine et de la chirurgie, les indications thérapeutiques de chaque maladie, la médecine opératoire, les accouchements, l'oculistique, l'odontechnie, l'électrisation, la matière médicale, les eaux minérales, et *un formulaire spécial pour chaque maladie*. 1873. 2e édit. très-augmentée. 1 magnifique vol. in-4, avec 750 fig. dans le texte.   25 fr.

BOUILLET (Adolphe). **L'armée d'Henri V. — Les bourgeois gentilshommes de 1871.** 1 vol. in-12.   3 fr. 50

BOUILLET (Adolphe). **L'armée d'Henri V. — Les bourgeois gentilshommes.** Types nouveaux et inédits. 1 vol. in-18.
2 fr. 50

BOUTROUX. **De la contingence des lois de la nature**, in-8, 1874.   3 fr. 50

BRIERRE DE BOISMONT. **Des maladies mentales**, 1867, brochure in-8 extraite de la *Pathologie médicale* du professeur Requin.   2 fr.

BRIERRE DE BOISMONT. **Des hallucinations, ou Histoire raisonnée des apparitions**, des visions, des songes, de l'extase, du magnétisme et du somnambulisme. 1862, 3e édition très-augmentée.   7 fr.

BRIERRE DE BOISMONT. **Du suicide et de la folie suicide.** 1865, 2e édition, 1 vol. in-8.   7 fr.

CHASLES (Philarète). **Questions du temps et problèmes d'autrefois.** Pensées sur l'histoire, la vie sociale, la littérature. 1 vol. in-18, édition de luxe.   3 fr.

CHASSERIAU. **Du principe autoritaire et du principe rationnel.** 1873, 1 vol. in-18.   3 fr. 50

CLAMAGERAN. **L'Algérie.** Impressions de voyage, 1874. 1 vol. in-18 avec carte.   3 fr. 50

CLAVEL. **La morale positive.** 1873, 1 vol. in-18.   3 fr.

Conférences historiques de la Faculté de médecine faites pendant l'année 1865. (*Les Chirurgiens érudits*, par M. Verneuil. — *Gui de Chauliac*, par M. Follin. — *Celse*, par M. Broca. — *Wurtzius*, par M. Trélat. — *Riolan*, par M. Le Fort. — *Levret*, par M. Tarnier. — *Harvey*, par M. Béclard. — *Stahl*, par M. Lasègue. — *Jenner*, par M. Lorain. — *Jean de Vier et les sorciers*, par M. Axenfeld. — *Laennec*, par M. Chauffard. — *Sylvius*, par M. Gubler. — *Stoll*, par M. Parrot.) 1 vol. in-8. 6 fr.

COQUEREL (Charles). **Lettres d'un marin à sa famille.** 1870, 1 vol. in-18.   3 fr. 50

COQUEREL (Athanase). Voyez *Bibliothèque de philosophie contemporaine.*

COQUEREL fils (Athanase). **Libres études** (religion, critique, histoire, beaux-arts). 1867, 1 vol. in-8.   5 fr.

COQUEREL fils (Athanase). **Pourquoi la France n'est-elle pas protestante?** Discours prononcé à Neuilly le 1er novembre 1866. 2e édition, in-8.   1 fr.

COQUEREL fils (Athanase). **La charité sans peur**, sermon en faveur des victimes des inondations, prêché à Paris le 18 novembre 1866. In-8.   75 c.

COQUEREL fils (Athanase). **Évangile et liberté**, discours d'ouverture des prédications protestantes libérales, prononcé le 8 avril 1868. In-8   50 c.

COQUEREL fils (Athanase). **De l'éducation des filles**, réponse à Mgr l'évêque d'Orléans, discours prononcé le 3 mai 1868. In-8.   1 fr.

CORLIEU. **La mort des rois de France** depuis François Ier jusqu'à la Révolution française. 1 vol. in-18 en caractères elzéviriens, 1874.   3 fr. 50

Conférences de la Porte-Saint-Martin pendant le siége de Paris. Discours de MM. *Desmarets* et *de Pressensé*. — Discours de M. *Coquerel*, sur les moyens de faire durer la République. — Discours de M. *Le Berquier*, sur la Commune. — Discours de M. *E. Bersier*, sur la Commune. — Discours de M. *H. Cernuschi*, sur la Légion d'honneur. In-8.   1 fr. 25

CORNIL. **Leçons élémentaires d'hygiène**, rédigées pour l'enseignement des lycées d'après le programme de l'Académie de médecine. 1873, 1 vol. in-18 avec figures intercalées dans le texte.   2 fr. 50

Sir G. CORNEWALL LEWIS. **Histoire gouvernementale de l'Angleterre de 1770 jusqu'à 1830**, trad. de l'anglais et précédée de la vie de l'auteur, par M. Mervoyer. 1867, 1 vol. in-8 de la *Bibliothèque d'histoire contemporaine*.   7 fr.

Sir G. CORNEWALL LEWIS. **Quelle est la meilleure forme de gouvernement?** Ouvrage traduit de l'anglais; précédé d'une Étude sur la vie et les travaux de l'auteur, par M. Mervoyer, docteur ès lettres. 1867, 1 vol. in-8.   3 fr. 50

DAMIRON. **Mémoires pour servir à l'histoire de la philosophie au XVIIIe siècle.** 3 vol. in-8.   12 fr.

DELAVILLE. **Cours pratique d'arboriculture fruitière** pour la région du nord de la France, avec 269 fig. In-8.   6 fr.

DELEUZE. **Instruction pratique sur le magnétisme animal.** précédée d'une Notice sur la vie de l'auteur, 1853. 1 vol. in-12.   3 fr. 50

DELORD (Taxile). **Histoire du second empire. 1848-1870.**
1869. Tome Ier, 1 fort vol. in-8.   7 fr.
1870. Tome II, 1 fort vol. in-8.   7 fr.
1873. Tome III, 1 fort vol. in-8.   7 fr.
1874. Tome IV, 1 fort vol. in-8.   7 fr.
1874. Tome V, 1 fort vol. in-8.   7 fr.
1875. Tome VI et dernier. 1 fort vol. in-8.   7 fr.

DENFERT (colonel). **Des droits politiques des militaires.** 1874, in-8.   75 c.

DOLLFUS (Charles). **De la nature humaine.** 1868, 1 vol. in-8.   5 fr.

DOLLFUS (Charles). **Lettres philosophiques.** 3e édition. 1869, 1 vol. in-18.   3 fr. 50

DOLLFUS (Charles). **Considérations sur l'histoire.** Le monde antique. 1872, 1 vol. in-8.   7 fr. 50

2

DUGALD-STEVART. **Éléments de la philosophie de l'esprit humain**, traduit de l'anglais par Louis Peisse, 3 vol. in-12.
9 fr.

DU POTET. **Manuel de l'étudiant magnétiseur.** Nouvelle édition. 1868, 1 vol. in-18. 3 fr. 50

DU POTET. **Traité complet de magnétisme**, cours en douze leçons. 1856, 3e édition, 1 vol. de 634 pages. 7 fr.

DUPUY (Paul). **Études politiques**, 1874. 1 v. in-8 de 236 pages.
3 fr. 50

DUVAL-JOUVE. **Traité de Logique**, ou essai sur la théorie de la science, 1855. 1 vol. in-8. 6 fr.

Éléments de science sociale. Religion physique, sexuelle et naturelle, ouvrage traduit sur la 7e édition anglaise. 1 fort vol. in-18, cartonné. 4 fr.

ÉLIPHAS LÉVI. **Dogme et rituel de la haute magie.** 1861, 2e édit., 2 vol. in-8, avec 24 fig. 18 fr.

ÉLIPHAS LÉVI. **Histoire de la magie**, avec une exposition claire et précise de ses procédés, de ses rites et de ses mystères. 1860, 1 vol. in-8, avec 90 fig. 12 fr.

ÉLIPHAS LÉVI. **La science des esprits**, révélation du dogme secret des Kabbalistes, esprit occulte de l'Évangile, appréciation des doctrines et des phénomènes spirites. 1865, 1 v. in-8. 7 fr.

FAU. **Anatomie des formes du corps humain**, à l'usage des peintres et des sculpteurs. 1866, 1 vol. in-8 et atlas de 25 planches. 2e édition. Prix, fig. noires. 20 fr.
Prix, figures coloriées. 35 fr.

FERRON (de). **Théorie du progrès** (Histoire de l'idée du progrès. — Vico. — Herder. — Turgot. — Condorcet. — Saint-Simon. — Réfutation du césarisme). 1867, 2 vol. in-18. 7 fr.

FERRON (de). **La question des deux Chambres.** 1872, in-8 de 45 pages. 1 fr.

EM. FERRIÈRE. **Le darwinisme.** 1872, 1 vol. in-18. 4 fr. 50

FICHTE. **Méthode pour arriver à la vie bienheureuse**, traduit par Francisque Bouiller. 1 vol. in-8. 8 fr.

FICHTE. **Destination du savant et de l'homme de lettres**, traduit par M. Nicolas. 1 vol. in-8. 3 fr.

FICHTE. **Doctrines de la science.** Principes fondamentaux de la science de la connaissance, trad. par Grimblot. 1 vol. in-8.
9 fr.

FLEURY (Amédée). **Saint Paul et Sénèque**, recherches sur les rapports du philosophe avec l'apôtre et sur l'infiltration du christianisme naissant à travers le paganisme. 2 vol. in-8. 15 fr.

FOUCHER DE CAREIL. **Leibniz, Descartes, Spinoza.** In-8.
4 fr.

FOUCHER DE CAREIL. **Lettres et opuscules de Leibniz.** 1 vol. in-8. 3 fr. 50

FOUCHER DE CAREIL. **Leibniz et Pierre le Grand.** 1 vol. in-8. 1874. 2 fr.

FOUILLÉE (Alfred). **La philosophie de Socrate.** 2 vol. in-8.
16 fr.

FOUILLÉE (Alfred). **La philosophie de Platon.** 2 vol. in-8.
16 fr.

FOUILLÉE (Alfred). **La liberté et le déterminisme.** 1 fort vol.
in-8.
7 fr. 50

FOUILLÉE (Alfred). **Platonis hippias minor sive Socratica,**
1 vol. in-8.
2 fr.

FRIBOURG. **Du paupérisme parisien,** de ses progrès depuis
vingt-cinq ans.
1 fr. 25

HAMILTON (William). **Fragments de Philosophie,** traduits de
l'anglais par Louis Peisse.
7 fr. 50

HEGEL. Voy. p. 13.

HERZEN. **Œuvres complètes.** Tome 1ᵉʳ. *Récits et nouvelles.*
1874, 1 vol. in-18.
3 fr. 50

HERZEN. **De l'autre Rive.** 4ᵉ édition, traduit du russe par
M. Herzen fils. 1 vol. in-18.
3 fr. 50

HERZEN. **Lettres de France et d'Italie** 1871. in-18. 3 fr. 50

HUMBOLDT (G. de). **Essai sur les limites de l'action de
l'État,** traduit de l'allemand, et précédé d'une Étude sur la vie
et les travaux de l'auteur, par M. Chrétien, docteur en droit.
1867, in-18.
3 fr. 50

ISSAURAT. **Moments perdus de Pierre-Jean,** observations,
pensées, rêveries antipolitiques, antimorales, antiphilosophiques,
antimétaphysiques, anti tout ce qu'on voudra. 1868. 1 v. in-18. 3 fr.

ISSAURAT. **Les alarmes d'un père de famille,** suscitées,
expliquées, justifiées et confirmées par lesdits faits et gestes de
Mgr. Dupanloup et autres. 1868, in-8.
1 fr.

JANET (Paul). **Histoire de la science politique** dans ses rapports avec la morale. 2 vol. in-8.
20 fr.

JANET (Paul). **Études sur la dialectique** dans Platon et dans
Hegel. 1 vol. in-8.
6 fr.

JANET (Paul). **Œuvres philosophiques de Leibniz.** 2 vol.
in-8.
16 fr.

JANET (Paul). **Essai sur le médiateur plastique de Cud-
worth.** 1 vol. in-8.
6 fr.

KANT. **Critique de la raison pure,** précédé d'une préface par
M. Jules BARNI. 1870, 2 vol. in-8.
16 fr.

KANT. **Critique de la raison pure,** traduit par M. Tissot.
2 vol. in-8.
16 fr.

KANT. **Éléments métaphysiques de la doctrine du droit,**
suivis d'un Essai philosophique sur la paix perpétuelle, traduits
de l'allemand par M. Jules BARNI. 1854, 1 vol. in-8.
8 fr.

KANT. **Principes métaphysiques du droit** suivi du *projet de
paix perpétuelle,* traduction par M. Tissot. 1 vol. in-8.
8 fr.

KANT. **Éléments métaphysiques de la doctrine de la vertu,** suivi d'un Traité de pédagogie, etc. ; traduit de l'allemand par M. Jules Barni, avec une introduction analytique. 1855, 1 vol. in-8. 8 fr.

KANT. **Principes métaphysiques de la morale,** augmenté des *fondements de la métaphysique des mœurs,* traduction par M. Tissot. 1 vol. in-8. 8 fr.

KANT. **La religion dans les limites de la raison,** traduit de l'allemand par J. Trullard. 1 vol. in-8. 7 f. 50

KANT. **La logique,** traduction de M. Tissot. 1 vol. in-4. 4 fr.

KANT. **Mélanges de logique,** traduction par M. Tissot, 1 vol. in-8. 6 fr.

KANT. **Prolégomènes à toute métaphysique future** qui se présentera comme science, traduction de M. Tissot, 1 vol. in-8. 6 fr.

KANT. **Anthropologie,** suivie de divers fragments relatifs aux rapports du physique et du moral de l'homme et du commerce des esprits d'un monde à l'autre, traduction par M. Tissot. 1 vol. in-8. 6 fr.

KANT. **Examen de la critique de la raison pratique,** traduit par J. Barni. 1 vol. in-8. 6 fr.

KANT. **Éclaircissements sur la critique de la raison pure,** traduit par J. Tissot. 1 vol. in-8. 6 fr.

KANT. **Critique du jugement,** suivie des *observations sur les sentiments du beau et du sublime,* traduit par J. Barni. 2 vol. in-8. 12 fr.

KANT. **Critique de la raison pratique,** précédée des *fondements de la métaphysique des mœurs,* traduit par J. Barni. 1 vol. in-8. 6 fr.

LABORDE. **Les hommes et les actes de l'insurrection de Paris** devant la psychologie morbide. Lettres à M. le docteur Moreau (de Tours). 1 vol. in-18. 3 fr. 50

LACHELIER. **Le fondement de l'induction.** 3 fr. 50

LACHELIER. **De natura syllogismi** apud facultatem litterarum Parisiensem, hæc disputabat. 1 fr. 50

LACOMBE. **Mes droits** 1869, 1 vol. in-12. 2 fr. 50

LAMBERT. **Hygiène de l'Égypte.** 1873. 1 vol. in-18. 2 fr. 50

LANGLOIS. **L'homme et la Révolution.** Huit études dédiées à P.-J. Proudhon. 1867, 2 vol. in-18. 7 fr.

LE BERQUIER. **Le barreau moderne.** 1871, 2º édition, 1 vol. in-18. 3 fr. 50

LE FORT. **La chirurgie militaire** et les Sociétés de secours en France et à l'étranger. 1873, 1 vol. gr. in-8, avec fig. 10 fr.

LE FORT. **Étude sur l'organisation de la Médecine** en France et à l'étranger. 1874, gr. in-8. 3 fr.

LEIBNIZ. **Œuvres philosophiques**, avec une Introduction et des notes par M. Paul Janet, 2 vol. in-8. 16 fr.

LITTRÉ. **Auguste Comte et Stuart Mill**, suivi de *Stuart Mill et la philosophie positive*, par M. G. Wyrouboff, 1867, in-8 de 86 pages. 2 fr.

LITTRÉ. **Application de la philosophie positive** au gouvernement des Sociétés. In-8. 3 fr. 50

LORAIN (P.). **Jenner et la vaccine**. Conférence historique. 1870, broch. in-8 de 48 pages. 1 fr. 50

LORAIN (P.). **L'assistance publique**. 1871, in-4 de 56 p. 1 fr.

LUBBOCK. **L'homme avant l'histoire**, étudié d'après les monuments et les costumes retrouvés dans les différents pays de l'Europe, suivi d'une Description comparée des mœurs des sauvages modernes, traduit de l'anglais par M. Ed. BARBIER, avec 156 figures intercalées dans le texte. 1867, 1 beau vol. in-8. prix broché. 15 fr.

Relié en demi-maroquin avec nerfs. 18 fr.

LUBBOCK. **Les origines de la civilisation**. État primitif de l'homme et mœurs des sauvages modernes. 1873, 1 vol. grand in-8 avec figures et planches hors texte. Traduit de l'anglais par M. Ed. BARBIER. 15 fr.

Relié en demi-maroquin avec nerfs. 18 fr.

MAGY. **De la science et de la nature**, essai de philosophie première. 1 vol. in-8. 6 fr.

MARAIS (Aug.). **Garibaldi et l'armée des Vosges**. 1872, 1 vol. in-18. 1 fr. 50

MAURY (Alfred). **Histoire des religions de la Grèce antique**. 3 vol. in-8. 24 fr.

MAX MULLER. **Amour allemand**. Traduit de l'allemand. 1 vol. in-18 imprimé en caractères elzéviriens. 3 fr. 50

MAZZINI. **Lettres à Daniel Stern** (1864-1872), avec une lettre autographiée. 1 v. in-18 imprimé en caractères elzéviriens. 3 fr. 50

MENIERE. **Cicéron médecin**, étude médico-littéraire. 1862, 1 vol. in-18. 4 fr. 50

MENIERE. **Les consultations de madame de Sévigné**, étude médico-littéraire. 1864, 1 vol. in-8. 3 fr.

MERVOYER. **Étude sur l'association des idées**. 1864, 1 vol. in-8. 6 fr.

MEUNIER (Victor). **La science et les savants.**
1re année, 1864. 1 vol. in-18. 3 fr. 50
2e année, 1865. 1er semestre, 1 vol. in-18. 3 fr. 50
2e année, 1865. 2e semestre, 1 vol. in-18. 3 fr. 50
3e année, 1866. 1 vol. in-18. 3 fr. 50
4e année, 1867. 1 vol. in-18. 3 fr. 50

MICHELET (J.). **Le Directoire et les origines des Bonaparte.** 1872, 1 vol. in-8. 6 fr.

MILSAND. **Les études classiques** et l'enseignement public. 1873, 1 vol. in-18. 3 fr. 50

MILSAND. **Le code et la liberté.** Liberté du mariage, liberté des testaments. 1865, in-8. 2 fr.

MIRON. **De la séparation du temporel et du spirituel.** 1866, in-8. 3 fr. 50

MORER. **Projet d'organisation de colléges cantonaux,** in-8 de 64 pages. 1 fr. 50

MORIN. **Du magnétisme et des sciences occultes.** 1860, 1 vol. in-8. 6 fr.

MUNARET. **Le médecin des villes et des campagnes.** 4ᵉ édition, 1862, 1 vol. grand in-18. 4 fr. 50

NAQUET (A.). **La république radicale.** 1873, 1 vol. in-18. 3 fr. 50

NOURRISSON. **Essai sur la philosophie de Bossuet.** 1 vol. in-8. 4 fr.

OGER. **Les Bonaparte** et les frontières de la France. In-18. 50 c.

OGER. **La République.** 1871, brochure in-8. 50 c.

OLLÉ-LAPRUNE. **La philosophie de Malebranche.** 2 vol. in-8. 16 fr.

PARIS (comte de). **Les associations ouvrières en Angleterre** (trades-unions). 1869, 1 vol. gr. in-8. 2 fr. 50
Édition sur papier de Chine : broché. 12 fr.
— reliure de luxe. 20 fr.

PUISSANT (Adolphe). **Erreurs et préjugés populaires.** 1873, 1 vol. in-18. 3 fr. 50

REYMOND (William). **Histoire de l'art.** 1874, 1 vol. in-8. 5 fr.

RIBOT (Paul). **Matérialisme et spiritualisme.** 1873, in-8. 6 fr.

RIBOT (Th.) **La psychologie anglaise contemporaine** (James Mill, Stuart Mill, Herbert Spencer, A. Bain, G. Lewes, S. Bailey, J.-D. Morell, J. Murphy). 1870, 1 vol. in-18. 3 fr 50

RIBOT (Th.). **De l'hérédité.** 1873, 1 vol. in-8. 10 fr.

RITTER (Henri). **Histoire de la philosophie moderne,** traduction française précédée d'une introduction par P. Challemel-Lacour. 3 vol. in-8. 20 fr.

RITTER (Henri). **Histoire de la philosophie chrétienne,** trad. par M. J. Trullard. 2 forts vol.   15 fr.

RITTER (Henri). **Histoire de la philosophie ancienne,** trad. par Tissot. 4 vol.   30 fr.

SAINT-MARC GIRARDIN. **La chute du second Empire.** In-4.   4 fr. 50

SALETTA. **Principe de logique positive,** ou traité de scepticisme positif. Première partie (de la connaissance en général). 1 vol. gr. in-8.   3 fr. 50

SARCHI. **Examen de la doctrine de Kant.** 1872, gr. in-8. 4 fr.

SCHELLING. **Écrits philosophiques** et morceaux propres à donner une idée de son système, traduit par Ch. Bénard. In-8.   9 fr.

SCHELLING. **Bruno** ou du principe divin, trad. par Husson. 1 vol. in-8.   3 fr. 50

SCHELLING. **Idéalisme transcendantal,** traduit par Grimblot. 1 vol. in-8.   7 fr. 50

SIÉREBOIS. **Autopsie de l'âme.** Identité du matérialisme et du vrai spiritualisme. 2e édit. 1873, 1 vol. in-18.   2 fr. 50

SIÉREBOIS. **La morale** fouillée dans ses fondements. Essai d'anthropodicée. 1867, 1 vol. in-8.   6 fr.

SOREL (ALBERT). **Le traité de Paris du 20 novembre 1815.** Leçons professées à l'Ecole libre des sciences politiques par M. Albert SOREL, professeur d'histoire diplomatique. 1873, 1 vol. in-8.   4 fr. 50

SPENCER (HERBERT). Voyez p. 3.

STUART MILL. Voyez page 3.

THULIÉ. **La folie et la loi.** 1867, 2e édit., 1 vol. in-8. 3 fr. 50

THULIÉ. **La manie raisonnante du docteur Campagne.** 1870, broch. in-8 de 132 pages.   2 fr.

TIBERGHIEN. **Les commandements de l'humanité.** 1872, 1 vol. in-18.   3 fr.

TIBERGHIEN. **Enseignement et philosophie.** 1873, 1 vol. in-18.   4 fr.

TISSOT. Voyez KANT.

TISSOT. **Principes de morale,** leur caractère rationnel et universel, leur application. Ouvrage couronné par l'Institut. 1 vol. in-8.   6 fr.

VACHEROT. **Histoire de l'école d'Alexandrie.** 3 vol. in-8.
24 fr.

VALETTE. **Cours de Code civil** professé à la Faculté de droit de Paris. Tome I, première année (Titre préliminaire — Livre premier). 1873, 1 fort vol. in-18. 8 fr.

VALMONT. **L'espion prussien.** 1872, roman traduit de l'anglais. 1 vol. in-18. 3 fr. 50

VÉRA. **Strauss. L'ancienne et la nouvelle foi.** 1873, in-8.
6 fr.

VÉRA. **Cavour et l'Église libre dans l'État libre,** 1874, in-8. 3 fr. 50

VÉRA. **Traduction de Hégel.** Voy. le catalogue complet.

VILLIAUMÉ. **La politique moderne,** traité complet de politique. 1873, 1 beau vol. in-8. 6 fr.

WEBER. **Histoire de la philosophie européenne.** 1871, 1 vol. in-8. 10 fr.

L'Europe orientale. Son état présent, sa réorganisation, avec deux tableaux ethnographiques, 1873. 1 vol. in-18. 3 fr. 50

Le Pays Jougo-Slave (Croatie-Serbie). Son état physique et politique, 1874. in-18. 3 fr. 50

L'armée d'Henri V. — Les bourgeois gentilshommes de 1871. 1 vol. in-18. 3 fr. 50

L'armée d'Henri V. — Les bourgeois gentilshommes, types nouveaux et inédits. 1 vol. in-18. 2 fr. 50

L'armée d'Henri V. — L'arrière-ban de l'ordre moral. 1874, 1 vol. in-18. 3 fr. 50

Annales de l'Assemblée nationale. Compte rendu *in extenso* des séances, annexes, rapports, projets de loi, propositions, etc. Prix de chaque volume. 15 fr.
Trente volumes sont en vente.

Loi de recrutement des armées de terre et de mer, promulguée le 16 août 1872. Compte rendu *in extenso* des trois délibérations. — Lois des 10 mars 1818, 21 mars 1832, 21 avril 1855, 1er février 1868. 1 vol. gr. in-4 à 3 colonnes. 12 fr.

Administration départementale et communale. Lois, décrets, jurisprudence (conseil d'État, cour de cassation, décisions et circulaires ministérielles). in-4. 8 fr.

EXQUÊTE PARLEMENTAIRE SUR LES ACTES DU GOUVERNEMENT
DE LA DÉFENSE NATIONALE

DÉPOSITIONS DES TÉMOINS :

TOME PREMIER. Dépositions de MM. Thiers, maréchal Mac-Mahon, maréchal Le Bœuf, Benedetti, duc de Gramont, de Talhoüet, amiral Rigault de Genouilly, baron Jérôme David, général de Palikao, Jules Brame, Clément Duvernois, Dréolle, Rouher, Pietri, Chevreau, général Trochu, J. Favre, J. Ferry, Garnier-Pagès, Emmanuel Arago, Pelletan, Ernest Picard, J. Simon, Magnin, Dorian, Et. Arago, Gambetta, Crémieux, Glais-Bizoin, général Le Flô, amiral Fourichon, de Kératry.

TOME DEUXIÈME. Dépositions de MM. de Chaudordy, Laurier, Cresson, Dréo, Rane, Rampont, Steenackers, Fernique, Robert, Schneider, Buffet, Lebreton et Hébert, Bellangé, colonel Alavoine, Gervais, Becherelle, Robin, Muller, Boutefoy, Meyer, Clément et Simonneau, Fontaine, Jacob, Lemaire, Petetin, Guyot-Montpayroux, général Soumain, de Legge, colonel Vabre, de Crisenoy, colonel Ibos, Hémar, Frère, Read, Kergall, général Schmitz, Johnston, colonel Dauvergne, Didier, de Lareinty, Arnand de l'Ariège, général Tamisier, Baudouin de Mortemart, Ernault, colonel Chaper, général Mazure, Betenger, Le Royer, Ducarre, Challemel-Lacour, Rouvier, Antran, Espivin, Gent, Naquet, Thourel, Gatien-Arnoult, Foureand.

TOME TROISIÈME. Dépositions militaires de MM. de Freycinet, de Serres, le général Lefort, le général Ducrot, le général Vinoy, le lieutenant de vaisseau Farcy, le commandant Amet, l'amiral Pothuau, Jean Brunet, le général de Beaufort-d'Hautpoul, le général de Valdan, le général d'Aurelle de Paladines, le général Chanzy, le général Martin des Pallières, le général de Sonis, le général Crouzat, le général de la Motterouge, le général Fiereck, l'amiral Jauréguiberry, le général Faidherbe, le général Paulze d'Ivoy, Testelin, le général Bourbaki, le général Clinchant, le colonel Leperche, le général Pallu de la Barrière, Rolland, Keller, le général Billot, le général Borel, le général Pellissier, l'intendant Friant, le général Cremer, le comte de Chaudordy.

TOME QUATRIÈME. Dépositions de MM. le général Bordone, Mathieu, de Laborie, Luce-Villiard, Castillon, Debusschère, Darcy, Chenet, de La Taille, Baillehache, de Grancey, L'Hermite, Pradier, Middleton, Frédéric Morin, Thoyot, le maréchal Bazaine, le général Boyer, le maréchal Canrobert, le général Ladmirault, Prost, le général Bressoles, Jousean, Spuller, Corbon, Dailloz, Henri Martin, Vacherot, Marc Dufraisse, Raoul Duval, Delisle, de Lanbespin, frère Dagobertus, frère Aleas, l'abbé d'Hulst, Bourgoin, Eschassériaux, Silvy, Le Nordez, Gréard, Guibert, Périn; errata et note à l'appui de la déposition de M. Darcy, annexe à la déposition de M. Testelin, note de M. le colonel Denfert, note de la Commission.

RAPPORTS :

TOME PREMIER. Rapport de M. *Chaper* sur les procès-verbaux des séances du Gouvernement de la Défense nationale. — Rapport de M. *de Sugny* sur les évènements de Lyon sous le Gouvernement de la Défense nationale. — Rapport de M. *de Rességuier* sur les actes du Gouvernement de la Défense nationale dans le sud-ouest de la France.

TOME DEUXIÈME. Rapport de M. *Saint-Marc Girardin* sur la chute du second Empire. — Rapport de M. *de Sugny* sur les évènements de Marseille sous le Gouvernement de la Défense nationale.

TOME TROISIÈME. Rapport de M. le comte *Daru*, sur la politique du Gouvernement de la Défense nationale à Paris.

TOME QUATRIÈME. Rapport de M. *Chaper*, sur l'examen au point de vue militaire des actes du Gouvernement de la Défense nationale à Paris.

TOME CINQUIÈME. Rapport de M. *Boreau-Lajanadie*, sur l'emprunt Morgan. — Rapport de M. *de la Borderie*, sur le camp de Conlie et l'armée de Bretagne. — Rapport de M. *de la Sicotière*, sur l'affaire de Dreux.

TOME SIXIÈME. Rapport de M. *de Rainneville* sur les actes diplomatiques du Gouvernement de la Défense nationale. — Rapport de M. A. *Lalbe* sur les postes et les télégraphes pendant la guerre. — Rapport de M. *Delsol* sur la ligne du Sud-Ouest. Rapport de M. *Perrot* sur la défense nationale en province. (1re *partie*.)

Prix de chaque volume... 15 fr.

RAPPORTS SE VENDANT SÉPARÉMENT

ENQUÊTE PARLEMENTAIRE

SUR

L'INSURRECTION DU 18 MARS

édition contenant *in-extenso* les trois volumes distribués à l'Assemblée nationale.

1° RAPPORTS. Rapport général de M. Martial Delpit. Rapports de MM. *de Meaux*,
sur les mouvements insurrectionnels en province ; *de Massy*, sur le mouvement insurrectionnel à Marseille ; *Meplain*, sur le mouvement insurrectionnel à Toulouse ;
de Chamaillard, sur les mouvements insurrectionnels à Bordeaux et à Tours ; *Delille*,
sur le mouvement insurrectionnel à Limoges ; *Vacherot*, sur le rôle des municipalités ;
Ducarre, sur le rôle de l'Internationale ; *Boreau-Lajanadie*, sur le rôle de la presse
révolutionnaire à Paris ; *de Cumont*, sur le rôle de la presse révolutionnaire en province ; *de Saint-Pierre*, sur la garde nationale de Paris pendant l'insurrection ; *de
Larochetheulon*, sur l'armée et la garde nationale de Paris avant le 18 mars. — Rapports de MM. *les premiers présidents de Cour d'appel* d'Agen, d'Aix, d'Amiens, de
Bordeaux, de Bourges, de Chambéry, de Douai, de Nancy, de Pau, de Rennes, de
Riom, de Rouen, de Toulouse. — Rapports de MM. *les préfets* de l'Ardèche, des
Ardennes, de l'Aude, du Gers, de l'Isère, de la Haute-Loire, du Loiret, de la Nièvre,
du Nord, des Pyrénées-Orientales, de la Sarthe, de Seine-et-Marne, de Seine-et-Oise,
de la Seine-Inférieure, de Vaucluse. — Rapports de MM. les chefs de légion de gen-
darmerie.

2° DÉPOSITIONS de MM. Thiers, maréchal Mac-Mahon, général Trochu, J. Favre,
Ernest Picard, J. Ferry, général Le Flô, général Vinoy, Choppin, Cresson, Leblond,
Edmond Adam, Metteval, Hervé, Bethmont, Ansart, Marseille, Claude, Lagrange,
Macé, Nusse, Mouton, Garcin, colonel Lambert, colonel Gaillard, général Appert,
Gerspach, Barral de Montaud, comte de Mun, Floquet, général Cremer, amiral
Suisset, Schœlcher, Tirard, Dubail, Denormandie, Vautrain, François Favre, Bellaigue,
Vacherot, Degouve-Denuncque, Desmarest, colonel Montaigu, colonel Ibos, général
d'Aurelle de Paladines, Roger du Nord, Baudouin de Mortemart, Lavigne, Ossude,
Ducros, Turquet, de Plœuc, amiral Pothuau, colonel Langlois, Lucning, Danet,
colonel Le Mains, colonel Vabre, Héligon, Tolain, Fribourg, Dunoyer, Testu, Corbon,
Ducarre.

3° PIÈCES JUSTIFICATIVES. Déposition de M. le général Ducrot. Procès-verbaux
du Comité central, du Comité de salut public, de l'Internationale, de la délégation des
vingt arrondissements, de l'Alliance républicaine, de la Commune. — Lettre du
prince Czartoryski sur les Polonais. — Réclamations et errata.

Édition populaire contenant *in extenso* les trois volumes distribués
aux membres de l'Assemblée nationale.

Prix : **16** francs.

COLLECTION ELZÉVIRIENNE

Lettres de Joseph Mazzini à Daniel Stern (1864-1872), avec une lettre autographiée. 3 fr. 50

Amour allemand, par MAX MÜLLER, traduit de l'allemand. 1 vol. in-18. 3 fr. 50

La mort des rois de France depuis François Ier jusqu'à la Révolution française, études médicales et historiques, par M. le docteur CORLIEU. 1 vol. in-18. 3 fr. 50

Libre examen, par LOUIS VIARDOT. 1 vol. in-18. 3 fr. 50

L'Algérie, impressions de voyage, par M. CLAMAGERAN. 1 vol. in-18. 3 fr. 50

La République de 1848, par J. STUART MILL, traduit de l'anglais par M. SADI CARNOT. 1 vol. in-18. 3 fr. 50

BIBLIOTHÈQUE POPULAIRE

Napoléon Ier, par M. Jules BARNI, membre de l'Assemblée nationale. 1 vol. in-18. 1 fr.

Manuel républicain, par M. Jules BARNI, membre de l'Assemblée nationale. 1 vol. in-18. 1 fr.

Garibaldi et l'armée des Vosges, par M. Aug. MARAIS. 1 vol. in-18. 1 fr. 50

Le paupérisme parisien, ses progrès depuis vingt-cinq ans, par E. FRIBOURG. 1 fr. 25

ÉTUDES CONTEMPORAINES

Les bourgeois gentilshommes. — L'armée d'Henri V, par Adolphe BOUILLET. 1 vol. in-18. 3 fr. 50

Les bourgeois gentilshommes. — L'armée d'Henri V. Types nouveaux et inédits, par A. BOUILLET. 1 v. in-18. 2 fr. 50

Les Bourgeois gentilshommes. — L'armée d'Henri V. L'arrière-ban de l'ordre moral, par A. Bouillet. 1 vol. in-18. 3 fr. 50

L'espion prussien, roman anglais par V. VALMONT, traduit par M. J. DEBRISAY. 1 vol. in-18. 3 fr. 50

La Commune et ses idées à travers l'histoire, par Edgar BOURLOTON et Edmond ROBERT. 1 vol. in-18. 3 fr. 50

Du principe autoritaire et du principe rationnel, par M. Jean Chasseriau. 1873. 1 vol. in-18. 3 fr. 50

La République radicale, par A. NAQUET, membre de l'Assemblée nationale. 1 vol. in-18. 3 fr. 50

PUBLICATIONS

DE L'ÉCOLE LIBRE DES SCIENCES POLITIQUES

ALBERT SOREL. **Le traité de Paris du 20 novembre 1815.**
— I. Les cent-jours. — II. Les projets de démembrement. —
III. La sainte-alliance. Les traités du 20 novembre, par M. Albert
SOREL, professeur d'histoire diplomatique à l'École libre des
sciences politiques. 1 vol. in-8 de 153 pages.　　　　4 fr. 50

RÉCENTES PUBLICATIONS SCIENTIFIQUES

AGASSIZ. **De l'espèce et des classifications en zoologie.**
1 vol. in-8.　　　　　　　　　　　　　　　　　5 fr.

ARCHIAC (D'). **Leçons sur la faune quaternaire**, professées
au Muséum d'histoire naturelle. 1865, 1 vol. in-8.　3 fr. 50

BAIN. **Les sens et l'intelligence**, trad. de l'anglais, 1874
1 vol. in-8.　　　　　　　　　　　　　　　　　10 fr.

BAGEHOT. **Lois scientifiques du développement des nations.** 1873, 1 vol. in-4, cartonné.　　　　　　　6 fr.

BÉRAUD (B.-J.). **Atlas complet d'anatomie chirurgicale
topographique,** pouvant servir de complément à tous les ouvrages d'anatomie chirurgicale, composé de 109 planches représentant plus de 200 gravures dessinées d'après nature par
M. Bion, et avec texte explicatif. 1865, 1 fort vol. in-4.

　　Prix : fig. noires, relié.　　　　　　　　　60 fr.
　　— fig. coloriées, relié.　　　　　　　　　120 fr.

Ce bel ouvrage, auquel on a travaillé pendant sept ans, est le
plus complet qui ait été publié sur ce sujet. Toutes les pièces dis-
séquées dans l'amphithéâtre des hôpitaux ont été reproduites
d'après nature par M. Bion, et ensuite gravées sur acier par les
meilleurs artistes. Après l'explication de chaque planche, l'auteur
a ajouté les applications à la pathologie chirurgicale, à la médecine
opératoire, se rapportant à la région représentée.

BERNARD (Claude). **Leçons sur les propriétés des tissus vivants** faites à la Sorbonne, rédigées par Emile ALGLAVE, avec 94 fig. dans le texte. 1866, 1 vol. in-8.   8 fr.

BLANCHARD. **Les Métamorphoses, les Mœurs et les Instincts des insectes**, par M. Emile Blanchard, de l'Institut, professeur au Muséum d'histoire naturelle. 1868, 1 magnifique volume in-8 jésus, avec 160 figures intercalées dans le texte et 40 grandes planches hors texte. Prix, broché.   30 fr.
　　Relié en demi-maroquin.   35 fr.

BLANQUI. **L'éternité par les astres**, hypothèse astronomique, 1872, in-8.   2 fr.

BOCQUILLON. **Manuel d'histoire naturelle médicale.** 1871, 1 vol. in-18, avec 415 fig. dans le texte.   14 fr.

BOUCHARDAT. **Manuel de matière médicale**, de thérapeutique comparée et de pharmacie. 1873, 5ᵉ édition, 2 vol. gr. in-18.   16 fr.

BOUCHUT. **Histoire de la médecine et des doctrines médicales.** 1873, 2 vol. in-8.   16 fr.

BUCHNER (Louis). **Science et Nature**, traduit de l'allemand par A. Delondre. 1866, 2 vol. in-18 de la *Bibliothèque de philosophie contemporaine.*   5 fr.

CLEMENCEAU. **De la génération des éléments anatomiques**, précédé d'une Introduction par M. le professeur Robin. 1867, in-8.   5 fr.

Conférences historiques de la Faculté de médecine faites pendant l'année 1865 (*les Chirurgiens érudits*, par M. Verneuil.—*Guy de Chauliac*, par M. Follin.—*Celse*, par M. Broca. — *Wurtzius*, par M. Trélat. — *Rioland*, par M. Le Fort.— *Leuret*, par M. Tarnier. — *Harvey*, par M. Béclard. — *Stahl*, par M. Lasègue. — *Jenner*, par M. Lorain. — *Jean de Vier*, par M. Axenfeld. — *Laennec*, par M. Chauffard. — *Sylvius*, par M. Gubler. — *Stoll*, par M. Parot). 1 vol. in-8.   6 fr.

DELVAILLE. **Lettres médicales sur l'Angleterre.** 1874, in-8.   1 fr. 50

DUMONT (L.-A.). **Haeckel et la théorie de l'évolution en Allemagne.** 1873, 1 vol. in-18.   2 fr. 50

DURAND (de Gros). **Essais de physiologie philosophique.** 1866, 1 vol. in-8.   8 fr.

DURAND (de Gros). **Ontologie** et psychologie physiologique. Études critiques. 1871, 1 vol. in-18.   3 fr. 50

DURAND (de Gros). **Origines animales de l'homme**, éclairées par la physiologie et l'anatomie comparative. Grand in-8, 1871, avec fig. 5 fr.

DURAND-FARDEL. **Traité thérapeutique des eaux minérales** de la France, de l'étranger et de leur emploi dans les maladies chroniques. 2ᵉ édition, 1 vol. in-8 de 780 p. avec cartes coloriées. 9 fr.

FAIVRE. **De la variabilité de l'espèce.** 1868, 1 vol. in-18 de la *Bibliothèque de philosophie contemporaine.* 2 fr. 50

FAU. **Anatomie des formes du corps humain**, à l'usage des peintres et des sculpteurs. 1866, 1 vol. in-8 avec atlas in-folio de 25 planches.

    Prix : fig. noires. 20 fr.

    — fig. coloriées. 35 fr.

W. DE FONVIELLE. **L'Astronomie moderne.** 1869, 1 vol. de la *Bibliothèque de philosophie contemporaine.* 2 fr. 50

GARNIER. **Dictionnaire annuel des progrès des sciences et institutions médicales,** suite et complément de tous les dictionnaires. 1 vol. in-12 de 600 pages. 7 fr.

GRÉHANT. **Manuel de physique médicale.** 1869, 1 volume in-18, avec 469 figures dans le texte. 7 fr.

GRÉHANT. **Tableaux d'analyse chimique** conduisant à la détermination de la base et de l'acide d'un sel inorganique isolé, avec les couleurs caractéristiques des précipités. 1862, in-4, cart. 3 fr. 50

GRIMAUX. **Chimie organique élémentaire,** leçons professées à la Faculté de médecine. 1872, 1 vol. in-18 avec figures. 4 fr. 50

GRIMAUX. **Chimie inorganique élémentaire.** Leçons professées à la Faculté de médecine, 1874, 1 vol. in-8 avec fig. 5 fr.

GROVE. **Corrélation des forces physiques**, traduit par M. l'abbé Moigno, avec des notes par M. Séguin aîné. 1 vol. in-8. 7 fr. 50

HERZEN. **Physiologie de la Volonté,** 1874. 1 vol. de la *Bibliothèque de Philosophie contemporaine.* 2 fr. 50

JAMAIN. **Nouveau Traité élémentaire d'anatomie descriptive et de préparations anatomiques.** 3ᵉ édition, 1867, 1 vol. grand in-18 de 900 pages, avec 223 fig. intercalées dans le texte. 12 fr.

JANET (Paul). **Le Cerveau et la Pensée.** 1867, 1 vol. in-18 de la *Bibliothèque de philosophie contemporaine.* 2 fr. 50

LAUGEL. **Les Problèmes** (problèmes de la nature, problèmes de la vie, problèmes de l'âme), 1873, 2ᵉ édition, 1 fort vol. in-8. 7 fr. 50

LAUGEL. **La Voix, l'Oreille et la Musique.** 1 vol. in-18 de la *Bibliothèque de philosophie contemporaine.* 2 fr. 50

LAUGEL. **L'Optique et les Arts.** 1 vol. in-18 de la *Bibliothèque de philosophie contemporaine.* 2 fr. 50

LE FORT. **La chirurgie militaire** et les sociétés de secours en France et à l'étranger. 1873, 1 vol. gr. in-8 avec figures dans le texte. 10 fr.

LEMOINE (Albert). **Le Vitalisme et l'Animisme de Stahl.** 1864, 1 vol. in-18 de la *Bibliothèque de philosophie contemporaine.* 2 fr. 50

LEMOINE (Albert). **De la physionomie et de la parole.** 1865. 1 vol. in-18 de la *Bibliothèque de philosophie contemporaine.* 2 fr. 50

LEYDIG. **Traité d'histologie comparée de l'homme et des animaux,** traduit de l'allemand par M. le docteur LAHILLONNE. 1 fort vol. in-8 avec 200 figures dans le texte. 1866. 15 fr.

LONGET. **Traité de physiologie.** 3ᵉ édition, 1873, 3 vol. gr. in-8. 36 fr.

LONGET. **Tableaux de Physiologie.** Mouvement circulaire de la matière dans les trois règnes, avec figures. 2ᵉ édition, 1874. 7 fr.

LUBBOCK. **L'Homme avant l'histoire,** étudié d'après les monuments et les costumes retrouvés dans les différents pays de l'Europe, suivi d'une description comparée des mœurs des sauvages modernes, traduit de l'anglais par M. Ed. BARBIER, avec 156 figures intercalées dans le texte. 1867. 1 beau vol. in-8, broché. 15 fr.
Relié en demi-maroquin avec nerfs. 18 fr.

LUBBOCK. **Les origines de la civilisation,** état primitif de l'homme et mœurs des sauvages modernes, traduit de l'anglais sur la seconde édition. 1873, 1 vol. in-8 avec figures et planches hors texte. 15 fr.
Relié en demi-maroquin. 18 fr.

MAREY. **Du mouvement dans les fonctions de la vie.** 1868, 1 vol. in-8, avec 200 figures dans le texte. 10 fr.

MAREY. **La machine animale,** 1873, 1 vol. in-8 avec 200 fig., cartonné à l'anglaise. 6 fr.

MOLESCHOTT (J.). **La Circulation de la vie.** Lettres sur la physiologie en réponse aux Lettres sur la chimie de Liebig, traduit de l'allemand par M. le docteur CAZELLES. 2 vol. in-18 de la *Bibliothèque de philosophie contemporaine.* 5 fr.

MUNARET. **Le médecin des villes et des campagnes,** 4ᵉ édition, 1862. 1 vol. gr. in-18.   4 fr. 50

ONIMUS. **De la théorie dynamique de la chaleur dans les sciences biologiques.** 1866.   3 fr.

QUATREFAGES (de). **Charles Darwin et ses précurseurs français.** Étude sur le transformisme. 1870, 1 vol. in-8. 5 fr.

RICHE. **Manuel de chimie médicale.** 1874, 2ᵉ édition, 1 vol. in-18 avec 200 fig. dans le texte.   8 fr.

ROBIN (Ch.). **Journal de l'anatomie et de la physiologie** normales et pathologiques de l'homme et des animaux, dirigé par M. le professeur Ch. Robin (de l'Institut), paraissant tous les deux mois par livraison de 7 feuilles gr. in-8 avec planches. Prix de l'abonnement, pour la France.   20 fr.
—   pour l'étranger.   24 fr.

ROISEL. **Les Atlantes.** 1874, 1 vol. in-8.   7 fr.

SAIGEY (Émile). **Les sciences au XVIIIᵉ siècle.** La physique de Voltaire. 1873, 1 vol. in-8.   5 fr.

SAIGEY (Émile). **La Physique moderne.** Essai sur l'unité des phénomènes naturels. 1868, 1 vol. in-18 de la *Bibliothèque de philosophie contemporaine*.   2 fr. 50

SCHIFF. **Leçons sur la physiologie de la digestion,** faites au Muséum d'histoire naturelle de Florence. 2 vol. gr. in-8.   20 fr.

SPENCER (Herbert). **Classification des sciences.** 1872, 1 vol. in-18.   2 fr. 50

SPENCER (Herbert). **Principes de psychologie,** trad. de l'anglais. Tome Iᵉʳ. 1 vol. in-8.   10 fr.

TAULE. **Notions sur la nature et les propriétés de la matière organisée.** 1866.   3 fr. 50

TYNDALL. **Les glaciers et les transformations de l'eau.** 1873, 1 vol. in-18 avec figures cartonné.   6 fr.

VULPIAN. **Leçons de physiologie générale et comparée du système nerveux,** faites au Muséum d'histoire naturelle, recueillies et rédigées par M. Ernest Brémond. 1866, 1 fort vol. in-8.   10 fr.

VULPIAN. **Leçons sur l'appareil vaso-moteur** (physiologie et pathologie). 2 vol. in-8. 1875.   16 fr.

ZABOROWSKI. **De l'ancienneté de l'homme,** résumé populaire de la préhistoire. 1ᵣₑ partie. 1 vol. in-8.   3 fr. 50

— Deuxième partie. 1 vol. in-8.   5 fr. 50

PARIS. — IMPRIMERIE DE E. MARTINET, RUE MIGNON, 2

www.ingramcontent.com/pod-product-compliance
Lightning Source LLC
Chambersburg PA
CBHW071628200326
41519CB00012BA/2209